植物病虫害防治全图鉴

[日] 高桥孝文　监修　　孙瑞红　编译

机械工业出版社
CHINA MACHINE PRESS

前　言

病虫害是在植物培育中一定会面临的问题。

尤其是栽培蔬菜或果树时，如果完全不使用农药，最后的收成可能会不尽人意。但基于饮食上的安全考虑，很多人还是希望能少用一点农药，或是尽可能采用喷洒药剂以外的方法，从而达到防治病虫害的目的。例如，在开始栽种时就选择抗性较强的品种和嫁接苗；使用防虫网或包膜、套袋、混栽等技巧；培育当地原本就有的植物等，通过这些方法降低病虫害的发生率，把用药的频率减到最低。

请各位在日常的管理上多用点心，并且依照植物的需求正确使用药剂。只要用法正确，大家大可不必对农药避之唯恐不及，而且现在市面上也推出了许多以天然成分制成的农药种类。

希望通过本书，能让各位更加安心地享受果蔬收获之乐，每年也能顺利培育出赏心悦目的花朵，给生活增添更多的趣味。

目录
Contents

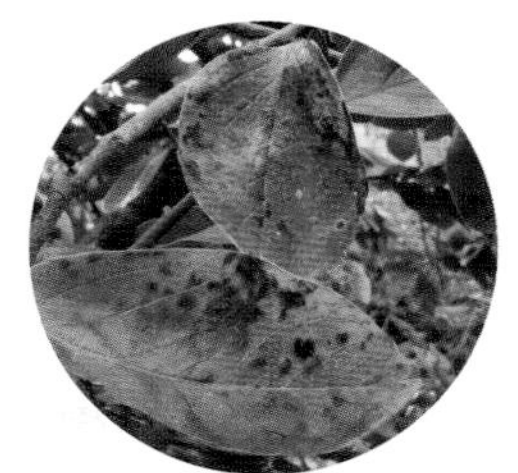

第3章 植物为什么生虫？害虫的种类与防治对策

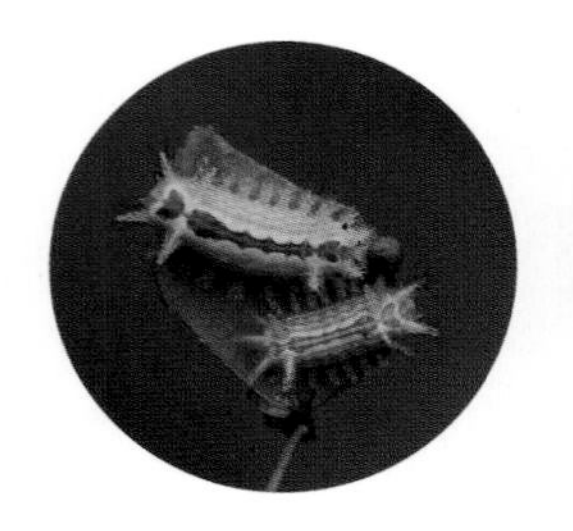

第4章 我家的植物诊疗室！找出各种植物的病虫害

第5章 安心又安全! 农药的种类和使用方法

本书的使用方法

本书内容穿插大量的彩色图片，可以帮助读者清楚了解植物病虫害的原因，也能迅速掌握对应的处理方式及日常管理对策等。

叶斑病

▶P40下

发生时期 4～10月

发病时叶片上出现黑褐色的圆形斑点，斑点周围则呈红色，最后会扩及整片叶。严重时会出现落叶，树木的生长状况也越来越差。

第4章中介绍了各种植物的病虫害症状与对策，可以对照▶P○○的内容。如果病虫害的名称有所出入，则表示本书列举的是包含特定种类的大类项，只要翻到标示的页数，即可阅读对策等信息。

发生时期

（月）

1	2	3	4	5	6	7	8	9	10	11	12

▬ 发生时期 ▬ 预防时期 ▬ 治疗时期

在各种病害与害虫的介绍中，都有标示发生时期的月份，请特别注意何时会发生，才能做好预防工作。另外也以不同的颜色区分“宜喷洒药剂、捕杀害虫、拔除受害植物的预防时期和驱除时期”等信息。但因不同地区的气候环境有所差异，时间管理请参考种植当地的情况而定。

※本书中的农药信息，是以2020年6月“中国农药信息网”网站的信息为依据，将原书内容修改而成，若是中国没有的产品类型，则保留原文并提供可替代的产品信息，以供各位参考使用。

第1章

植物哪里有问题？

病虫害症状一目了然

出现这样的症状时表示病虫害已经发生

养成每天观察植物的习惯，才有机会在第一时间发现植物的异常状况。但是，若没有掌握观察的重点，即使问题发生了，也不容易察觉。所谓“事出必有因”，能够事先了解各个部位可能出现哪些被害情况、哪些症状，是非常重要的。

不同发生部位的症状分辨

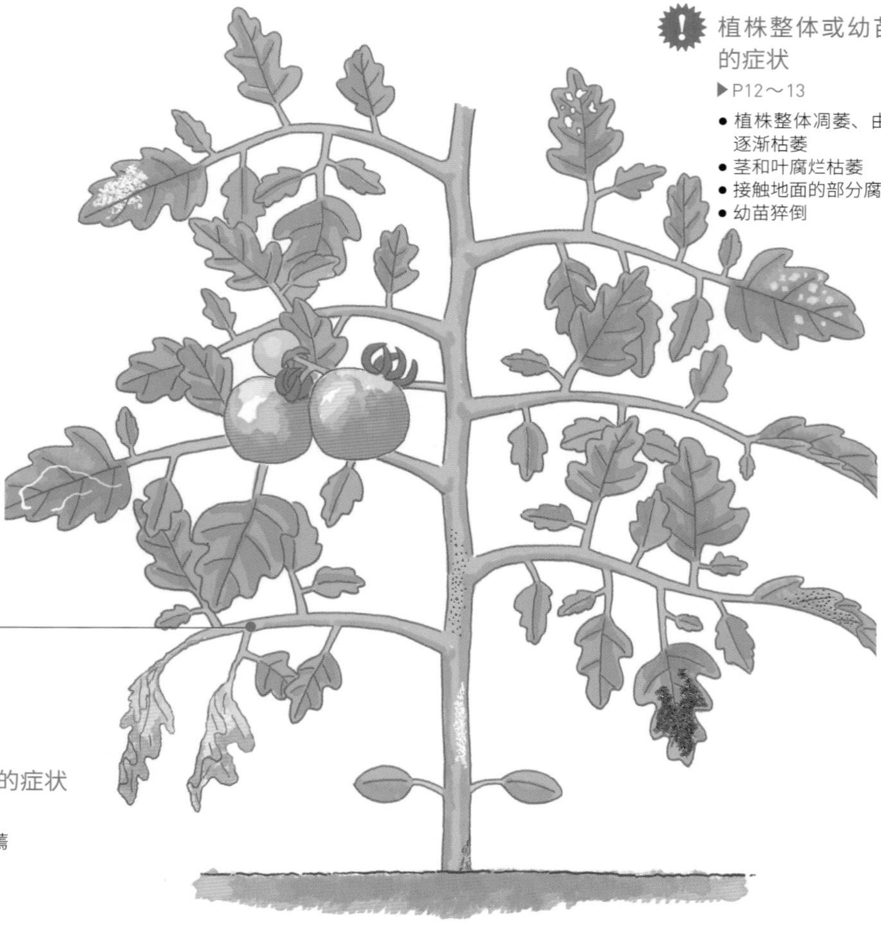

植株整体或幼苗出现的症状

▶P12～13

- 植株整体凋萎、由下往上逐渐枯萎
- 茎和叶腐烂枯萎
- 接触地面的部分腐烂
- 幼苗猝倒

茎部出现的症状

▶P14

- 低垂、萎蔫
- 变白
- 长虫

果实出现的症状

▶P22

- 损伤
- 腐烂
- 长出霉菌
- 长出斑点
- 长虫

叶片出现的症状

▶P16～19

- 穿孔
- 害虫在叶片上面吐丝
- 皱缩卷曲、膨大增厚
- 长虫
- 因虫害而卷曲
- 长出斑点
- 褪绿、呈斑驳状
- 叶片背面出现小虫
- 叶片背面长出须状毛
- 变白
- 出现弯弯曲曲的线痕
- 呈现浓淡不均的马赛克状
- 出现浅色斑纹
- 害虫像蜘蛛一样结网
- 出现煤灰般的黑色斑点

树枝和树干出现的症状

▶P15

- 出现木屑和胶状分泌物
- 长出像贝壳一样的东西
- 长瘤
- 长出棉絮般的东西或泡沫
- 长虫
- 出现异物附着

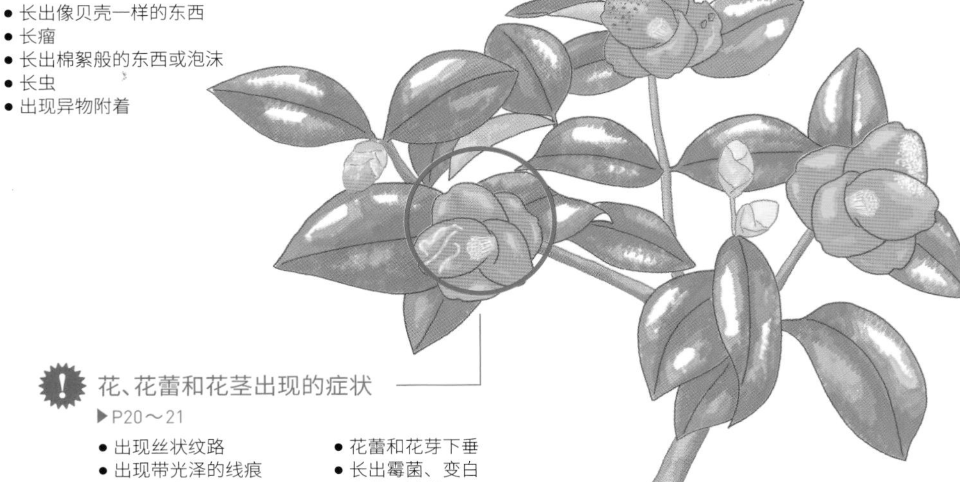

花、花蕾和花茎出现的症状

▶P20～21

- 出现丝状纹路
- 出现带光泽的线痕
- 长出斑点
- 穿孔、被咬出孔洞
- 花蕾和花芽下垂
- 长出霉菌、变白
- 腐烂、枯萎
- 长虫

植株整体或幼苗出现的症状

植株整体凋萎、由下往上逐渐枯萎、腐烂及幼苗猝倒等都是病虫害发生的征兆。请从这些明显的征兆下手，找出发病的原因吧。

植株整体凋萎、由下往上逐渐枯萎

根腐病

叶色变黄，并且枯萎、掉落，严重时会整株枯死。

蔓枯病

白天时叶片就像缺水般变得萎缩，到了傍晚又恢复成绿色。如此情形反复出现一段时间后，从下部叶片开始黄化、枯萎。

根结线虫

▶P65上

1 植株整体枯萎，若拔出来一看，会看到根部长瘤。

2 根部长有许多大小不一的瘤。这些寄生于根部的瘤，会阻碍植株生长。

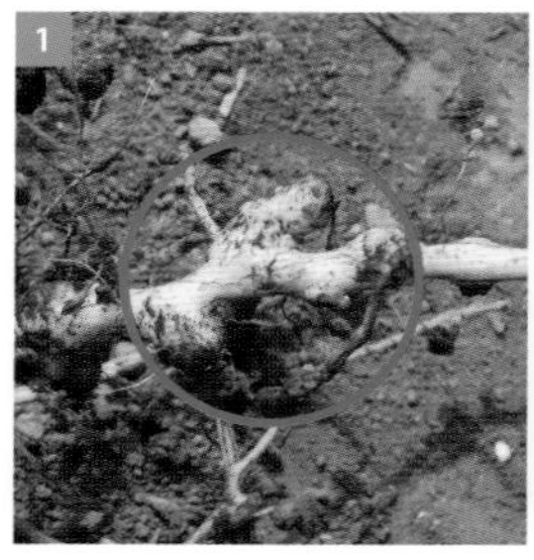

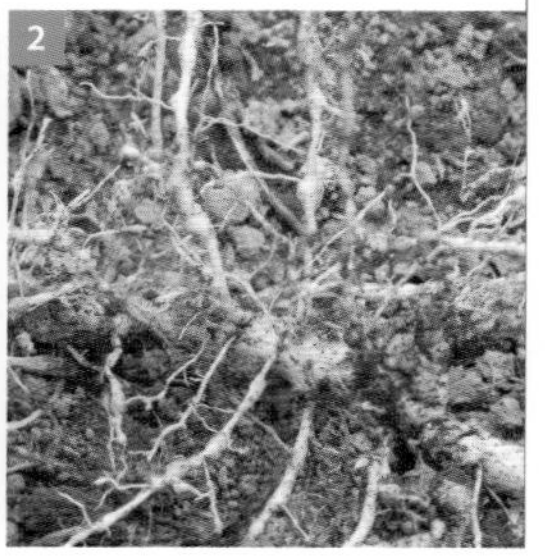

白绢病

▶P33下

植株接触地面的部分和周围的地面，会被宛如白线的菌丝覆盖，植株虽然没有倒下，却出现腐烂、枯萎等情况。

茎和叶腐烂枯萎

疫病

▶P27

茎和叶腐烂且变为暗褐色后枯萎。腐烂的部分会长出白色霉菌。

图为孔雀仙人掌。长出水浸状病斑，腐烂后枯萎。

接触地面的部分腐烂

软腐病

▶P46

植株接触地面的部分像溶化般腐烂，并发出恶臭味。

图为白菜。近地面的外叶和叶梗长出暗褐色的病斑。

菌核病

▶P29下

接触地面的部分变为褐色，长出有如白色棉絮的霉菌，并且腐烂。

灰霉病

▶P39上

靠近植株底部的茎发黑变色，长出灰色的霉菌，并且腐烂。

幼苗猝倒

立枯病

▶P35

地面部分的茎在生长初期变细、倒伏。

图为紫罗兰幼苗。刚长出新芽和真叶2～3片的时候易发病。

地老虎

▶P67上

刚种下的苗株和发芽的苗株，因底部被害虫咬断而倒地。

刚发芽的无蔓性菜豆，近地面处被害虫咬断。

茎部出现的症状

茎部萎缩干枯，表面出现小虫或有虫啃食内部等，都是不可忽视的征兆。

低垂、萎蔫

青枯病

▶P42

原本健康的植株突然萎蔫，几天之后就会青枯，根部也腐烂。

菊虎

▶P60

害虫为了产卵会破坏茎部，造成水分无法送达上端，因而枯萎。

变白

白粉病

▶P28

长出白色粉状的霉菌，严重时，全株都会被霉菌覆盖。

介壳虫类

▶P59

出现成块的白色棉状物。植物汁液因被害虫吸食而导致，生长发育不良。

长虫

蚜虫类

▶P56

春天到秋天之际，红褐色和浅绿色的小虫会附着在植物上吸食汁液，妨碍植物的生长发育。

蝽类 ▶P61上

1 体形、大小、体色和花纹各异的害虫，共同的特征是会释放出异臭味。它们会附着在植物上吸食汁液，导致植物生长受挫。

2 图为附着在胡枝子上的蝽类一种害虫。体形浑圆，以豆科植物的汁液为食。

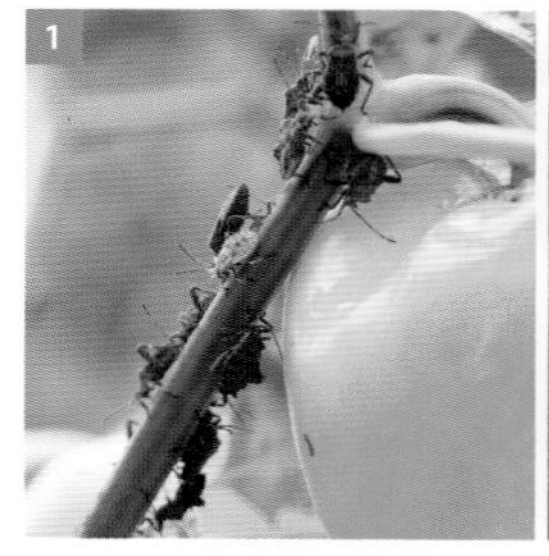

透翅蛾的幼虫

把茎咬出孔洞并啃食成隧道状。会影响植物的生长发育，甚至导致植物枯萎。

树枝和树干出现的症状

出现木屑和胶状分泌物、变得黏糊糊、长出类似贝壳的东西等。只要发现树上有东西附着，就要立刻着手处理。

出现木屑和胶状分泌物

透翅蛾

▶P37下

受害部位是树皮内的枝干。从受害部位会流出粪便和胶状分泌物，削掉树皮，可发现里面的幼虫。

天牛类

▶P60

幼虫潜藏在树干内啃食，所以小洞口处会有木屑。

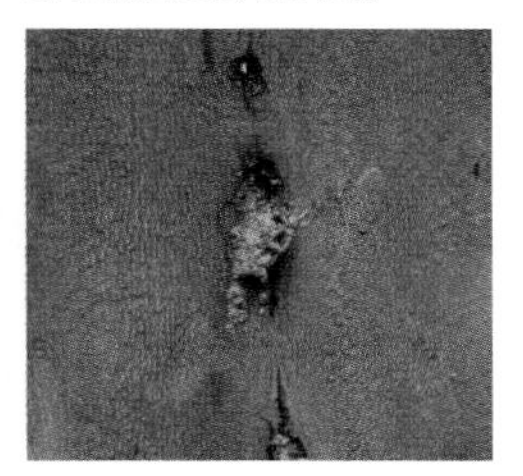

长出像贝壳一样的东西

介壳虫类

▶P59

体表覆盖着形同贝壳状的厚壳和蜡状物质。

长瘤

瘤病（癌肿病）

▶P44

长出许许多多大小不一的瘤，而且逐渐变大。

长出棉絮般的东西或泡沫

碧蛾蜡蝉

▶P54上

体表覆盖着白色棉絮状的分泌物，会附着在新梢等处吸食汁液。

沫蝉类

▶P57上

在枝叶的基部制造白色泡沫，藏身于其中的幼虫会吸食汁液。

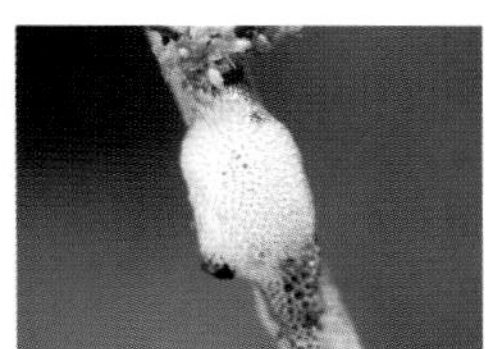

长虫

大透翅天蛾

浅绿色的毛虫，食欲旺盛，甚至会把树木啃得光秃秃。

凤蝶类

▶P55上

毛虫状的幼虫，会在枝头上一边移动一边啃食叶片。

出现异物附着

蓑蛾类

▶P73上

幼虫以小树枝和树叶筑成巢，躲在里面啃食并越冬。

黄刺蛾的茧

▶P57下

冬季在树木的枝干等处，制造出宛如鹌鹑蛋般的茧。

叶片出现的症状

若是发现叶片出现皱缩卷曲、穿孔、变白等异常现象，表示病虫害正在发生。平常观察时，不要错过这些显而易见的征兆。

穿孔

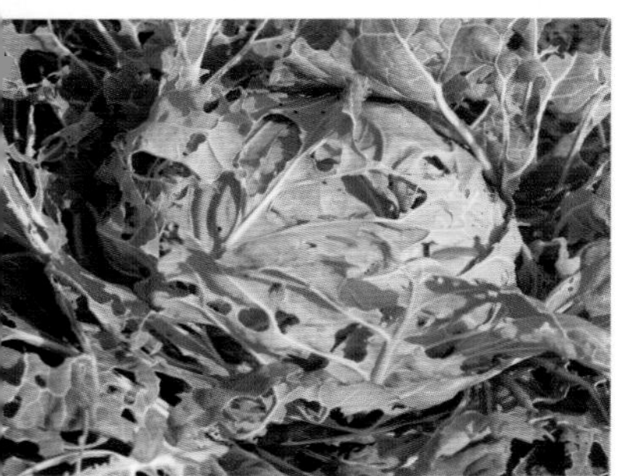

菜青虫(菜粉蝶)

▶P54下

菜粉蝶的幼虫会啃光叶片，只留下叶脉部分。

金龟子类

▶P63上

飞来的成虫会将叶片啃成网状，一片叶都不剩，只留下叶脉。

金花虫类

▶P70下

以叶为食，在日本称为“叶虫”。种类很多，习性也各不相同。

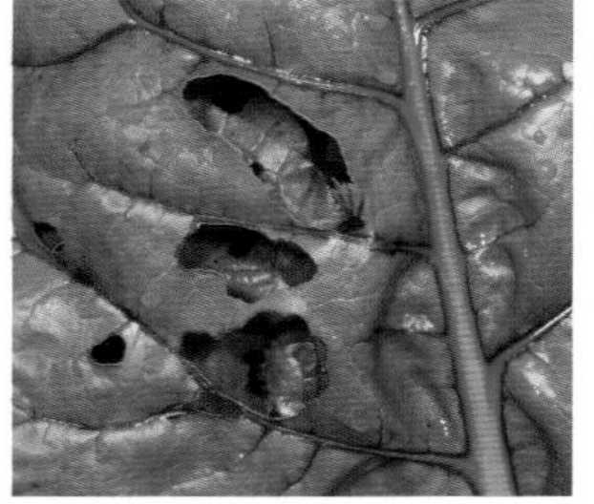

夜盗虫类

▶P74

通常夜间出来活动，啃食叶片，白天则潜藏在叶片背面或土壤中。

害虫在叶片上面吐丝

黄杨木蛾

▶P73下

新叶是主要的受害对象。幼虫会吐丝筑巢，把它当作栖身之所。

紫苏野螟

▶P73下

害虫会吐丝并把叶片卷起筑巢，然后藏身其中，啃食叶片。受害部分会变为茶色。

皱缩卷曲、膨大增厚

缩叶病

▶P32

新叶的绿色部分会变为红色和黄色，卷曲或膨胀，像被火烧过一样。

饼病

茶树的常见病害之一，称为“茶饼病”，新叶鼓起成袋状，上面还覆盖着白色粉状物，最后变干、萎缩。

长虫

茶毒蛾

▶P66下

它们习惯聚集在叶片背面排成列后啃食叶片，几乎啃得一丝不剩，只会留下叶脉。

刺蛾类

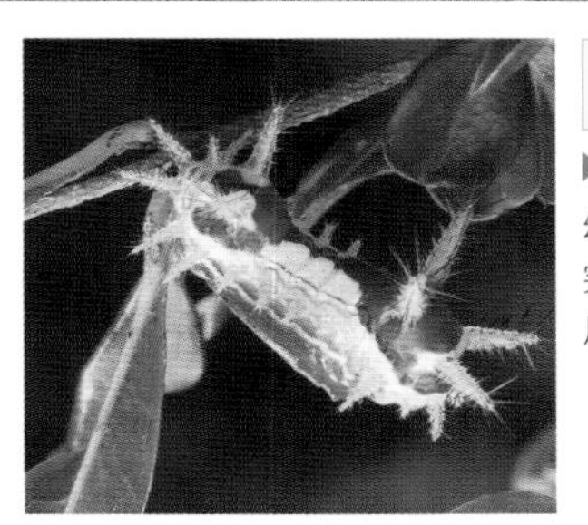

▶P57下

幼虫具有显眼的棘状突起，习惯群聚在叶片背面啃食。

粉虱类

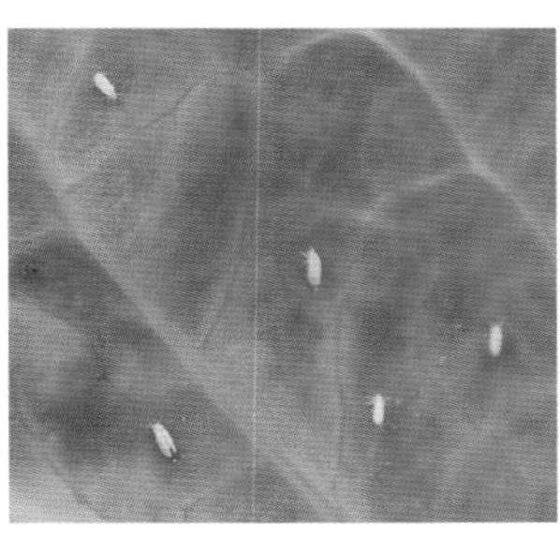

▶P63下

体形迷你的成虫有白色翅膀，摇晃植物时它们便会成群飞起，宛如漫天的粉尘。

叶蜂类

▶P69

幼虫群集在一起从叶缘开始啃食叶片，但长大后会分散行动。

二十八星瓢虫类

▶P66上

外表有许多黑点的瓢虫，会把叶片啃成网状。

负蝗

随着生长发育，食量会增加。如果数量很多时，叶片会被啃得一干二净。

尺蠖

▶P64上

成群出现的概率不高，但幼虫的食量会随着长大而增加，造成的损害也倍增。

因虫害而卷曲

卷叶虫类

▶P70上

将卷起来的叶片展开，会发现里面有毛虫状的幼虫。

长出斑点

霜霉病

▶P40上

叶片出现角状的斑点，随着病害加剧，会从下部叶片开始枯萎。

炭疽病

▶P36上

叶片出现褐色的圆形斑点，随着叶片老化，病斑会出现孔洞。

黑星病

▶P40下

叶片出现黑色的斑点，接着发生落叶，树木长势也变得衰弱。

叶斑病

▶P40下

在新叶上长出许多圆形的小斑点，接着斑点会扩及整个叶面。

褪绿、呈斑驳状

叶螨类

▶P68

聚集在叶片背面吸食汁液。被吸食的部位，原本的绿色会消退，变为白色斑点。

网蝽类（军配虫）

▶P61下

成虫和幼虫皆聚集在叶片背面吸食汁液，形成晒伤似的痕迹，并导致提早落叶。

叶片背面出现小虫

蚜虫类

▶P56

不单是吸食植物的汁液阻碍其生长发育，也会成为诱发煤污病与病毒病的媒介。

叶片背面长出须状毛

锈病

叶片表面出现橙色的圆形斑点，背面长出须状的毛。

变白

白粉病

▶P28

叶片上长出粉状的白色霉菌，这些霉菌会逐渐覆盖整片叶。

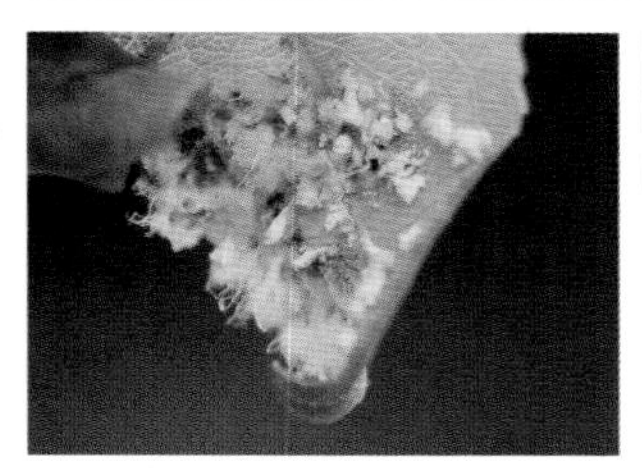

介壳虫类

▶P59

叶片出现黏腻的白色块状物，是害虫的排泄物，会诱发煤污病。

出现弯弯曲曲的线痕

潜叶蝇类

▶P71下

叶片出现有如画上去的弯曲的白色线痕。

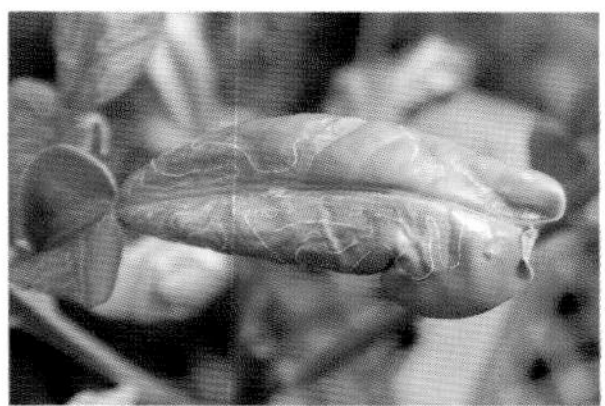

柑橘潜叶蛾

▶P71上

害虫会潜入叶肉中啃食，并在叶面上留下有如绘画般的线痕。

呈现浓淡不均的马赛克状

嵌纹病（花叶病）

▶P49

沿着叶脉出现条纹和浓淡不均的马赛克状纹路，植物的生长发育也受阻。

出现浅色斑纹

黄斑病

▶P48~49

出现轮廓模糊的黄白色纹路，而且会逐渐扩及全叶。

害虫像蜘蛛一样结网

叶螨类

▶P68

小虫就像蜘蛛一样在叶片上吐丝结网。

出现煤灰般的黑色斑点

煤污病

▶P33上

叶片出现黑色的圆形斑点，最后叶面被宛如煤灰的霉菌完全覆盖。

花、花蕾和花茎出现的症状

花瓣穿孔、出现斑点或条纹，或是无法开花、甚至腐烂，都是特别明显的征兆。

出现丝状纹路

嵌纹病（花叶病）

▶P49

花瓣上出现丝状斑纹或不规则纹路。花朵也比较小。

出现带光泽的线痕

瓦伦西亚列蛞蝓

▶P67下

蛞蝓爬行过的路径形成发亮的纹路。

长出斑点

灰霉病

▶P39上

1 图为三色堇。花瓣出现白斑，之后会长出霉菌。

2 图为碧冬茄（矮牵牛）。可以看出花瓣褪色，明显受损。

3 图为虾脊兰。花瓣出现褐色斑点，严重时还会长出霉菌。

穿孔、被咬出孔洞

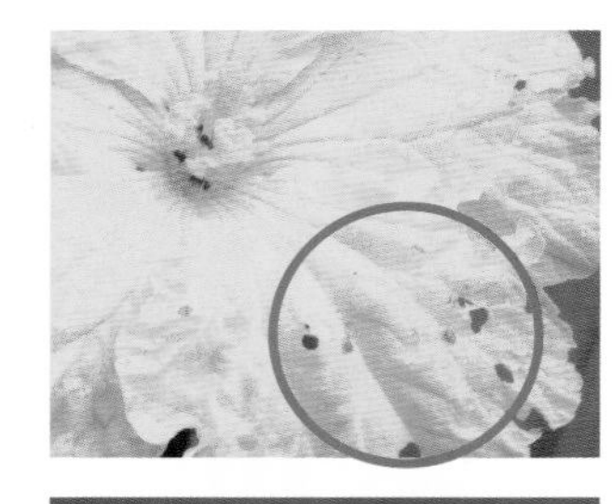

黑守瓜

▶P70下

成虫不断飞来啃食花瓣，将其咬出很多孔洞。

尺蠖

▶P64上

害虫通过蜷缩身体进行蠕动，蚕食长得饱满的花蕾。

花蕾和花芽下垂

软腐病

▶P46

花芽变软，像溶解般腐烂，并发出恶臭味。

象鼻虫类

▶P65下

开始结花蕾时，花梗会呈现发黑、枯萎、低垂的模样。

长出霉菌、变白

白粉病

▶P28

花梗上长出薄薄一层白色霉菌，严重时被完全覆盖。

灰霉病

▶P39上

初期的症状类似白粉病，如果环境变潮湿，则会长出灰色的霉菌。

腐烂、枯萎

菌核病

▶P29下

开花前，花瓣上长出白色和褐色的斑点，然后不开花直接腐烂。

蓟马类

▶P55下

害虫从开花前的花蕾入侵，造成花朵变为褐色并枯萎。

灰霉病

▶P39上

花瓣上出现小斑点，然后变为茶色并枯萎。

长虫

蚜虫类

▶P56

蚜虫的危害始于有翅蚜飞来后，迅速地繁殖幼蚜。

金花虫类

▶P70下

带有金属般的光泽。体形稍大的金花虫会啃食花和叶。

夜盗虫类

▶P74

1 为夜盗蛾的幼虫，在长大过程中除了啃食叶片，也以花和花蕾为食。

2 为斜纹夜蛾的幼虫，分散后会啃食花和花蕾。

番茄夜蛾

▶P58

除了危害蔷薇科和菊科植物，它们也会侵入其他植物内部进行啃食。

果实出现的症状

果实如果长出白色霉菌、黑色斑点或被害虫啃食，就会影响收成。请勿忽视以下征兆，及早做出适当的处理吧。

损伤

茶细螨

▶P72

果实表面和果蒂上出现褐色伤痕，表皮也变得粗糙不堪。

腐烂

炭疽病

▶P36上

果实出现凹陷的褐色斑点，之后会腐烂、落果。

长出霉菌

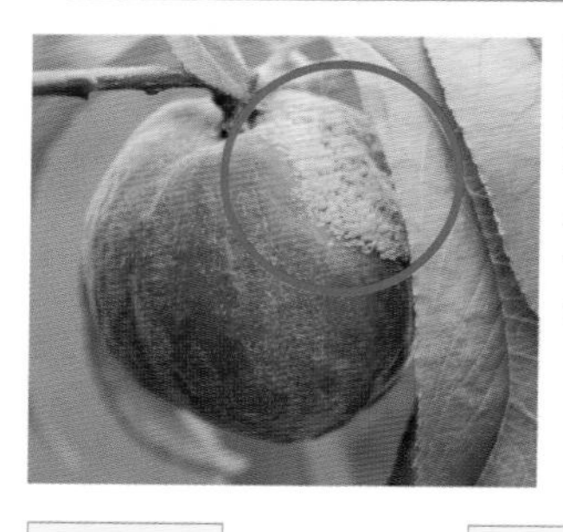

褐腐病

▶39下

成熟的果实出现浅褐色的病斑，之后会被灰褐色的霉菌覆盖。

白粉病

▶P28

长出白色的粉状霉菌，最后果实完全被霉菌覆盖。

灰霉病

▶P39上

初期果实变为褐色、软化，后来长出灰色的霉菌后腐烂。

长出斑点

溃疡病

▶P43上

长出浅黄色的痂皮状斑点，是柑橘类的常见病害。

黑星病

▶P40下

果实稍微长大的时候，长出偏黑色的圆形斑点。

黑痘病

葡萄病害。果实表面会长出有如鸟眼状的暗褐色斑点。

长虫

番茄夜蛾

▶P58

夜蛾的幼虫侵入果实内部进行啃食，可能导致没有收成。

金龟子类

▶P63上

成虫除了啃食花和叶，还会不断飞来啃食果实。

第2章

植物为什么生病？

病害的种类与防治对策

预防病害的重点

虽然植物“病害”与“虫害”一律统称为“病虫害”，不过病害（由真菌、细菌、病毒引起的传染性病害）和害虫的处理方式并不相同。有些害虫引起的问题是，它们会成为病原菌的传播媒介，所以在防治害虫的同时，也可以达到消除病原菌的效果。但前提是一定要对症下药，及时做出适当的处理。

防治病虫害的基本对策是，打造不容易滋生害虫和病原菌的环境，让植物能够健康生长。针对病原菌偏好的环境条件进行改善，就可以达到事半功倍的效果。

1 改善排水、通风和光照环境

一般而言，梅雨季等潮湿的季节是发病率最高的时期；尤其是排水不佳、随时处于潮湿的环境，更容易沦为病原菌滋生的温床。

大多数植物都适合生长在排水性佳的土壤中，所以应稍微花点功夫，避免水分囤积。例如，选择排水性强的腐殖土或泥炭土，先翻松土壤，以改良土质，或者是栽培时把土壤堆高一点。

另外，避免密植，保持良好的通风也很重要。良好的通风和低湿度，可有效抑制病原菌的活动。定期进行疏苗、整枝、修剪等，除了可以帮助通风外，光照自然也会很充足。有充足的光照不仅可确保光合作用的进行，更能让植物顺利生长，提高对病害的抗性。

在晒得到阳光、通风良好的地方，植物都生长得比较茂盛。

2 栽培抗病性强的品种

某些植物（如蔬菜等）经过品种改良，对病害的抗性更强。选择“抗病性品种”栽培，可以降低发病率，减少损失。

3 利用嫁接苗

因感染土壤中的病原菌而发病的蔓枯病和青枯病，如果改用嫁接苗栽培，可以大幅度降低发病率，甚至连续栽种也不是问题。

此外，购买种苗或苗木时，挑选健壮的植株是很重要的原则。蔬菜和草花类在日文中称为“苗半作”，意思就是指日后的生长取决于苗的状态。所以一定要避开徒长、软弱的种苗或苗木，选择没有病虫害、强健的种苗或苗木。

种植抗病性较弱的蔬菜时，建议选择嫁接苗。

4 清除已经染病的植株

一旦发现植株染病后，迅速拔除并集中烧掉染病植株是防治病害的基本原则。因为染病植株不可能不药而愈，最好的处置方式就是尽快烧毁，不要久留，避免病害蔓延。

迅速清除已经染病的植株。

5 病害可分为三大类

根据来源，一般把植物的“病害”大致分为“真菌（霉菌）性病害、细菌性病害、病毒性病害”三大类。日常管理中只要确实做到改善排水、保持良好的通风和充足的光照、避免茎叶过度茂密，就能改善上述 3 种病害。当发病时，避免病害持续蔓延是很重要的，所以首先要剪除已发病的植株，再喷洒杀菌剂。

❶ 真菌感染引起的病害

由真菌引起的病害种类最多，代表性病害包括：霜霉病、疫病、白粉病、灰霉病、白绢病、立枯病、锈病等。除了白粉病，其他病害都多发于高温潮湿的环境。孢子会随着风和昆虫的移动而扩散，也会随着雨水和浇水时溅起的泥浆传播。发病时，植株的表面会附着真菌孢子。建议平时便养成防治的习惯，如果发病了，就立刻喷洒杀菌剂，防止病害蔓延。

部分叶片已出现白粉病症状的黄瓜植株。

❷ 细菌感染引起的病害

代表性病害包括：软腐病、青枯病、细菌性斑点病、瘤病（根肿病）等。细菌会从植物的伤口或气孔等开口处入侵，造成植物软化、腐败，在叶片等处出现病斑。多发于连续栽种或排水性欠佳的土壤。几乎没有药剂能够发挥治疗效果，因此请谨记“预防胜于治疗”。

出现病斑的叶片通通都要摘除。

❸ 病毒感染引起的病害

发病时，叶片或花瓣的颜色会变得呈马赛克状，叶片和茎会变黄、萎缩，还有叶、花和果实会产生畸形。病毒性病害的起因是，植物因寄生的蚜虫或蓟马吸食汁液而感染。另外，接触过染病植株的手或剪刀，若是再去接触健康的植株，也会造成感染。病毒在细胞内繁殖，一旦发病就无法使用药剂治疗，为了避免殃及健康植株，唯一的方法就是销毁染病的植株。因此最根本的是做好预防工作。

剪除叶片后，喷洒杀菌剂以防止病害蔓延。

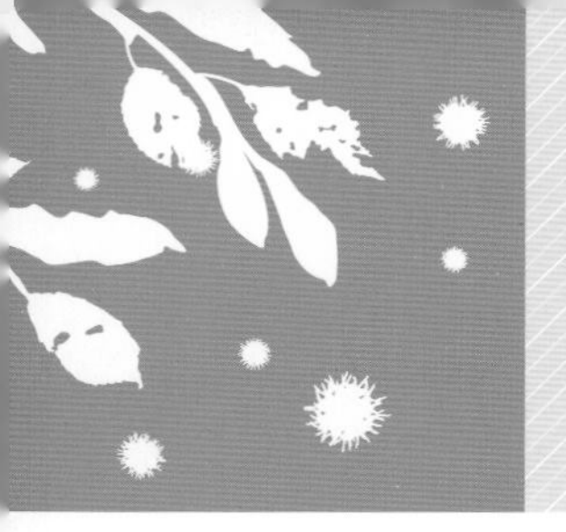

真菌性病害

在各种植物病害当中，由真菌引起的种类数量最多，如白粉病、灰霉病、白绢病等，真菌孢子会附着在病斑的表面。

枯萎病

枯萎病、黄萎病

1 枯萎病发病后，首先从下部叶片开始变黄、枯萎，最后逐渐扩大到整株。根部也会变成褐色并且腐烂。

2 黄萎病发病后，叶片的一半会变成黄色，茎也只是一侧会枯萎。如果进一步发展下去，最后整株都会枯萎。

黄萎病

发生时期

（月）

	1	2	3	4	5	6	7	8	9	10	11	12
发生时期					■	■	■	■	■			
预防时期				■	■	■	■	■				
治疗时期					■	■	■	■	■			

发生时期　预防时期　治疗时期

是什么样的病害

这两种病害皆因潜藏于土壤中的病原菌入侵根部前端，位于茎内部输送水分的导管受侵后，导致水分无法输送到植株上部，因此根部会变成褐色、腐烂，叶片则枯萎，最后整株都会枯萎。

容易发病的部位

叶、根、整株

容易发病的植物

枯萎病：菠菜、白萝卜、番茄、葱、甜菜、紫菀等

黄萎病：黄瓜、茄子、菊花、桔梗等

防治对策

枯萎病多发生于夏天高温之际，尤其是地表高温更容易诱发病害。气温稍降时，黄萎病病害便陆续扩大。不论感染了两者中的哪一种，治疗都很困难，因为病原菌会残留在土壤中长达好几年。所以为了抑制病原菌的繁殖，必须施用腐熟的堆肥，避免重茬栽种，拔除并烧毁发病的植株，以免其他植株也感染。同时，发病植株周围的土壤也必须一并清除，不可再度使用。

用药对策

枯萎病　利用杀菌剂对土壤消毒，可得到不错的防治效果。如果种植的是番茄，可施用苯菌灵。甜菜、紫罗兰、鲁冰花、康乃馨等草花，则用甲基硫菌灵或克菌丹浇灌土壤。

黄萎病　菊花、美人蕉、鲁冰花等草花，用甲基硫菌灵或克菌丹等杀菌剂浇灌土壤；进行土壤消毒或在茄子发病初期，可以施用苯菌灵。

疫病

1 疫病危害果实和茎叶，症状是长出轮廓模糊、形状不规则的暗褐色病斑，不久之后就会腐烂，长出白色霉菌。

2 很多植物都可能感染疫病。该病的侵染能力很强，会造成严重的损害，请务必提高警觉。若是茎部感染，枯萎症状会从患部往上蔓延；如果从地面土壤处入侵，整株植物都会枯萎倒伏。

发生时期

（月）

	1	2	3	4	5	6	7	8	9	10	11	12
发生时期						▬	▬	▬				
预防时期				▬	▬	▬	▬					
治疗时期						▬	▬	▬				

▬ 发生时期 ▬ 预防时期 ▬ 治疗时期

是什么样的病害

首先，叶片会长出水浸状斑点，接着逐渐扩展为大范围的病斑，长出白色霉菌。在茄子或柑橘类果实上发生的晚疫病（长出有如烫伤般的病斑），同样也是由疫病病原菌引起。

容易发病的部位　根、茎、叶、果实

容易发病的植物

长春花、芍药、银莲花、卡特兰、牡丹、玫瑰、无花果、柑橘类、番茄、黄瓜、马铃薯、茄子等

防治对策

病原菌潜藏于土壤中，通过雨水或浇水时飞溅的泥水感染植物。每逢梅雨季或夏秋等多雨季节，因湿度较高需要特别提防，尤其是排水性差、地面有水分囤积的环境，所以除了要选择排水性好的土壤种植之外，也要在植株基部铺上稻草或银黑色塑料薄膜，以防泥水泼溅。已发病的植株和其周围的土壤必须及早移除并处理。若是种植在盆钵里，记得移到有遮挡的走廊等不会被雨水淋到的场所。

用药对策

若危害持续扩大，即使施以药剂治疗，效果也相当有限。最好是在进入雨季前，便先喷洒药剂，做好预防的工作。对于一般草花植物，可在定植时和生育期时，于植株周围的土壤表面撒下甲霜灵。若为番茄和马铃薯，则喷洒百菌清和代森锰锌（替代原文中的ビスダイセン悬浮剂，中国无此产品）。至于柑橘类的晚疫病，应该在发病初期喷洒波尔多液。

白粉病

相较于大多数发生于高湿环境下的病害，白粉病最大的特征是容易在雨量少、比较凉爽、干燥的环境中发生。发病期多集中在初夏和初秋，病害在高温的盛夏会得到控制。

白色的粉状物是孢子，是病害蔓延的传染源。染病的叶片必须立刻摘除，并对整株喷洒杀菌剂。

若置之不理……

初期会长出像撒上面粉似的白色斑点，最后整片叶都会被白色霉菌覆盖。

发生时期

（月）

1	2	3	4	5	6	7	8	9	10	11	12

发生时期　预防时期　治疗时期

是什么样的病害

新芽、嫩叶、嫩茎会长出白色霉菌，像是被撒上面粉一样。如果危害持续扩大，整株都会被白色霉菌覆盖，叶片也会扭曲变形，严重影响植株生长。必须趁早处理。

容易发病的部位　新芽、茎、叶、花、蕾

容易发病的植物

菊花、波斯菊、大丽花、绣球、铁线莲、紫薇、玫瑰、大花山茱萸、草莓、豌豆、番茄、南瓜、黄瓜等

防治对策

避免密植，种植时保持足够的间距，并且定期修剪交缠的枝叶，以保持良好的通风。发病的植株、受损的叶片与因染病而掉落的叶片等，若置之不理，会成为侵染源，所以必须及早清除，防止传染范围扩大。另外，施以过量的氮肥也容易导致发病，必须注意。瓜类作物和玫瑰等，有些品种对白粉病的抗性强，不妨种植抗病品种。

用药对策

若发病严重，当叶片发生变形或黄化，表示受害部位已经回天乏术，唯有在刚开始长出薄薄的一层霉菌时使用药剂才有效，并且喷洒时连叶片背面也不可错过。草莓、番茄、黄瓜、茄子可以使用腈菌唑，其他各类蔬菜、香草植物和一般草花则使用几丁聚糖（替代原文中的ベニカマイルドスプレー，中国无此产品）等药剂。

枝枯病

发生时期

（月）

1	2	3	4	5	6	7	8	9	10	11	12

发生时期　预防时期　治疗时期

是什么样的病害

茎和枝条被逐渐扩大的褐色和黑褐色斑点包覆。在病斑部位以上的枝叶会枯萎。

容易发病的部位

枝、茎

容易发病的植物

松树类、桧木、杉树、紫荆、玫瑰、梅子、梨、桃等

树枝的切口或嫁接的接口处如果被害虫啃咬出伤口，可能就会成为病原菌侵染的入口。

防治对策

染病的枝条会成为侵染源，所以一旦发现枝条出现病变，必须立刻切除、烧毁。到了冬天要切除所有的枯枝，以防成为第二年春天的侵染源。在光照不足或通风不良的环境下特别容易发生，必须定期修剪，以免枝叶过于茂密。

用药对策

庭木、花木和果树易发病。在新梢生长的季节，定期喷洒苯菌灵，可以达到预防的效果。

菌核病

发生时期

（月）

1	2	3	4	5	6	7	8	9	10	11	12

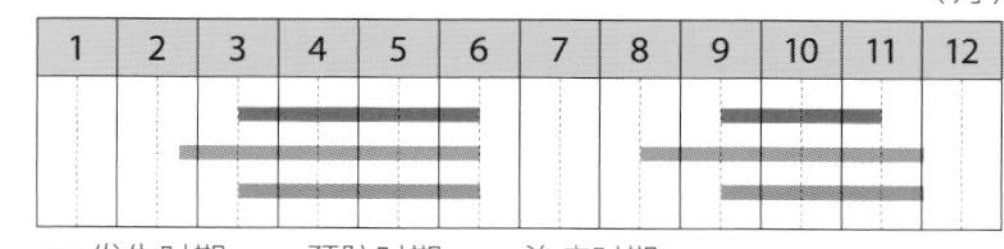

发生时期　预防时期　治疗时期

是什么样的病害

发病初期植物会像被水分渗入般软化，病斑由褐色变成黑色，不久后会长出白色的霉菌。

容易发病的部位

叶、茎等

容易发病的植物

水仙、唐菖蒲、金鱼草、黄瓜、茄子、山茶花、瑞香花等

防治对策

若是植株或茎已经发病，必须在菌核长出前，将其切除并丢弃。除了避免连续栽种，保持适当的间距之外，也要定期修剪长得过于茂密的枝叶，保持良好的通风和排水。氮肥的施用是否得当也是关键。浇水时要浇在植株底部，不要直接浇在花上。

用药对策

该病多发生于蔬菜和草花。在发病初期可喷洒甲基硫菌灵或苯菌灵等适合该植物的杀菌剂。

菌核病有时也会发生于果实，图为染病的黄瓜。花上的病斑会生出白色霉菌，果实也会腐烂。

基腐病

1 染病的植物叶片一般会从外侧逐渐黄化。一旦受到病原菌侵染，即使将球根掘起，情况还是会继续恶化，最后干枯，连子球也难以幸免。

2 挑选健全的球根，弃用已经长出霉菌或病斑的个体。

图为已染病的马铃薯。表面有凹陷的病斑，不会软化腐败，而是变干燥。有可能是因收获过程中受损造成的，所以挖掘时要特别留意。

发生时期

(例如：郁金香)

（月）

1	2	3	4	5	6	7	8	9	10	11	12
						种植球根之前					

发生时期　预防时期　治疗时期

是什么样的病害

郁金香、小苍兰、百合等球根植物常发生的传染性病害。起因是球根、茎、块茎和鳞茎等被土壤中的菌丝体侵袭，导致茎叶黄化、枯萎。

容易发病的部位

根、球根、茎、叶

容易发病的植物

郁金香、唐菖蒲、水仙、百合、番红花、小苍兰、莲花、马铃薯、洋葱、芋头、韭菜等

防治对策

购买球根时，记得避开表面有褐色斑点、霉菌或部分腐烂的个体。发现植株染病时，要将球根连同周围的土壤一并挖出并妥善处理。因为病原菌会残留于土壤中，如果使用曾经染病的土壤再度栽培植物，病害就会再次发生，所以必须用杀菌剂消毒发病区。除了给花盆更换新土，也要焚烧染病土壤。已染病的球根不可再用来分切繁殖。

用药对策

如果是培育郁金香或洋葱，可以先把球根浸泡在苯菌灵溶液中，然后再种植。

锈病

发生时期

（月）

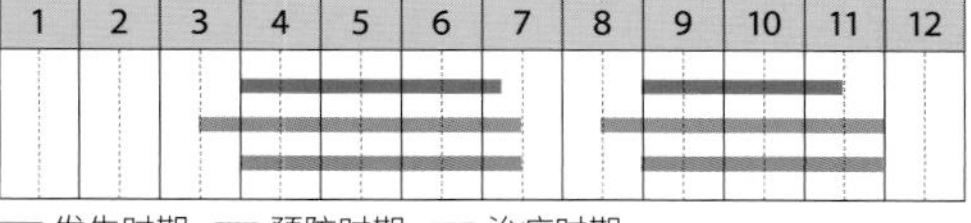

发生时期　预防时期　治疗时期

是什么样的病害

叶片的正面和背面会出现许多橙色的斑点，有如生锈一样。频繁发病的话，将不利于植物生长。

容易发病的部位　叶

容易发病的植物

玫瑰、铁线莲、石竹、芍药、葱、洋葱、韭菜、梅子、葡萄等

斑点稍微隆起，表皮破裂后，橙黄色的粉状孢子会从里面散出，侵染周围的植株。

防治对策

蔬菜和草花要避免连续栽种。保持通风良好，不让枝叶彼此交缠，就能健康地生长下去。施肥量要控制得当，也要注意防止雨水飞溅。染病的植株要及早发现并清除，不能让它一直留在原处。

用药对策

若是错过防治时机，即使喷洒药剂也没有效果。开始长出小斑点时，可用代森锰锌等适合该植物的杀菌剂。

白锈病

发生时期

（月）

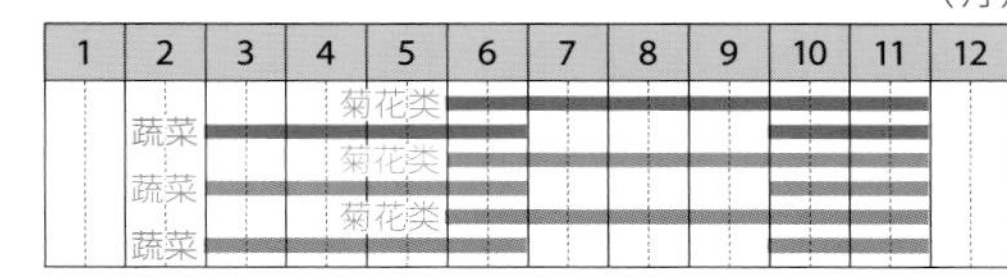

发生时期　预防时期　治疗时期

是什么样的病害

多发生于菊花类和十字花科植物。发病时，叶片会出现黄绿色和白色斑点，逐渐枯萎。

容易发病的部位　叶

容易发病的植物

菊花、翠菊、小滨菊等菊花类；芜菁、小松菜、小油菜（上海青）等十字花科蔬菜

防治对策

植株之间必须保持充足的间隔，以保持良好的光照和通风。枯萎的落叶中的病原菌也会成为侵染源，所以除了发病的叶片外，连落叶也要一并及早清除。十字花科植物不要连续栽种，用塑料薄膜覆盖土壤表面，可以防止下雨时泥水飞溅。

用药对策

菊花类在发病初期可使用苯并烯氟菌唑·嘧菌酯，十字花科植物可用喹啉铜等药剂。

其发病特征是孢子不会长在叶片正面，但背面会长出稍微隆起、呈乳白色的斑点。

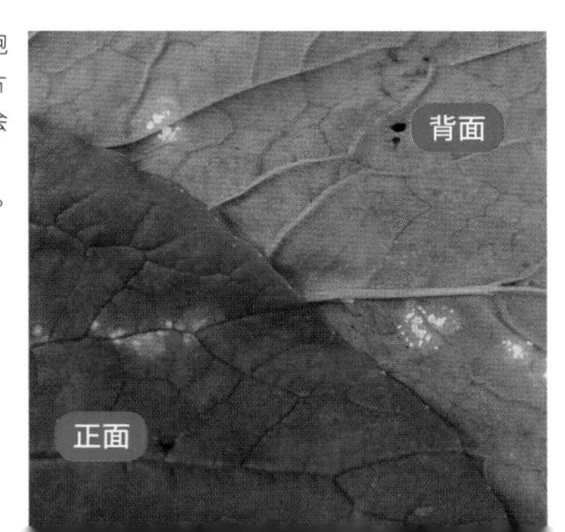

缩叶病

1 处于嫩叶阶段时，叶片会以不规则的方式皱缩卷曲，变得奇形怪状，膨胀的部分会变得很厚。

2 图为发病的油桃叶片。部分新叶有时候会变得如火烧般鲜红，有鼓起。

3 必须立刻剪除并烧毁病叶，以免危害继续扩大。

发生时期

（月）

	1	2	3	4	5	6	7	8	9	10	11	12
发生时期				━	━							
预防时期	━	━	━ 落叶期									
治疗时期				━	━ 摘除病叶							

━ 发生时期 ━ 预防时期 ━ 治疗时期

是什么样的病害

常见于桃类果树，只会在冒出新芽到长出叶片的这段时间内发病。症状是刚长出来的嫩叶会皱缩卷曲、膨大增厚，叶色也会变为红色或黄绿色，之后被白色霉菌覆盖，逐渐掉落。

容易发病的部位 叶

容易发病的植物

桃、杏、梅子、梨、山桃、白桦等

防治对策

重点在于要趁白色霉菌长出之前，及早处理，以免孢子到了第二年散播开来。如果幼果发病，果实表面会长出有如痘疤的病斑，而且提早落果。皱缩卷曲的叶片必须整片剪除，掉落的叶片和果实也必须立刻集中烧毁，或埋于土壤深处。除了保证良好的排水环境，以防湿度过高，也必须定期修剪过度茂密的枝叶，并进行整枝，保持良好的通风状态。

用药对策

必须在冒出新芽之前喷洒药剂，一旦发病，即使用药，也没有太大的防治效果。选择适合植物使用的杀菌剂后，仔细喷洒，连枝条前端也不要遗漏。不过，有些药剂在桃树发病后仍然可以使用。

煤污病

发生时期

（月）

1	2	3	4	5	6	7	8	9	10	11	12

剪除不必要的枝条

■ 发生时期 ■ 预防时期 ■ 治疗时期

是什么样的病害

叶片和树干的表面长出有如煤灰般的黑色霉菌。霉菌很多时，会影响美观。

容易发病的部位 叶、枝、干、果实

容易发病的植物

厚叶石斑木、山茶花、月桂、紫薇、橡胶树、柑橘类、梅子等

霉菌不会直接寄生在植物上，而是以蚜虫和介壳虫等害虫的排泄物为营养源，不断繁殖。

防治对策

针对导致发病的蚜虫、介壳虫、粉虱等进行害虫防治。剪除发病严重的枝叶，回收落叶。光照和通风情况不佳时，也会造成害虫变本加厉地滋生，所以必须定期修剪、整枝，做好环境的整顿。

用药对策

日本没有出售专门治疗煤污病的药剂（只有针对致病害虫的防治用药➡P56、59、63）。

白绢病

发生时期

（月）

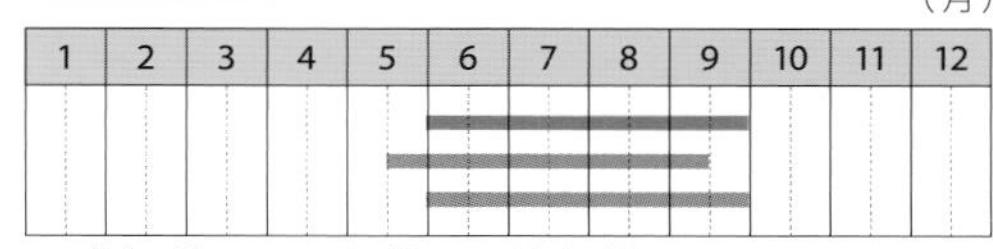

■ 发生时期 ■ 预防时期 ■ 治疗时期

是什么样的病害

植株底部会长出有如白色丝线般的霉菌，接触地面的部分会像水浸状腐烂、倒伏。

容易发病的部位 茎

容易发病的植物

铁线莲、星辰花、君子兰、毛豆、葱、草莓、茄子、花生等

防治对策

重点是要使用腐熟的堆肥，平日彻底做好排水的工作。要将发病植株连同周围的土壤一起挖除，并妥善处置。尤其是接触地面部分的白色和褐色颗粒（菌核），一定要清理干净。由于病原菌在10厘米以下的土壤深处无法生存，所以通过翻耕，把深层的土壤翻到表层可以有效抑制病原菌。

用药对策

发病初期，用灭锈胺等适合该植物的药剂仔细喷洒整株及其周围的土壤。

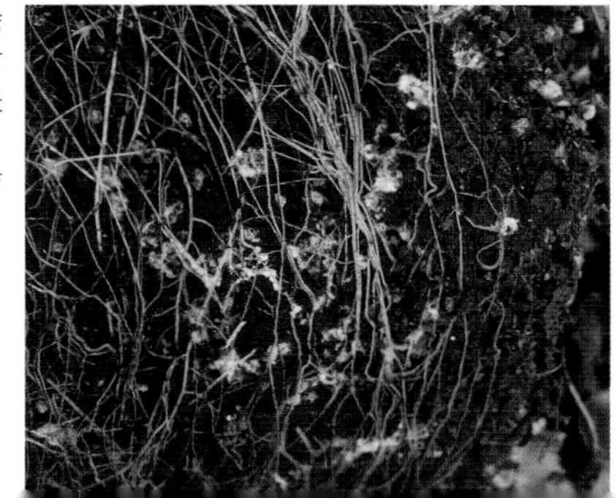

盆栽植物也会发病。发病时根部周围会长出白色霉菌，导致根部发育不良。

疮痂病

发生时期

（月）

发生时期　预防时期　治疗时期

是什么样的病害

发生于柑橘类、紫花地丁、三色堇等植物的病害，特征是会长出有如痂皮般的粗糙斑点。

容易发病的部位　叶、果实

容易发病的植物

柑橘类、无花果、梅子、紫堇、三色堇、紫罗兰、西红柿、郁金香等

果实表面长出疣状的斑点。

防治对策

下雨会促使病害蔓延，所以要切实做好防雨措施。除了避免环境变得多湿外，也要定期适度整枝、修剪，保持良好的光照与通风。如果发病，要趁早清除受害的叶片和果实，落叶和掉落的果实也要一并清理。

用药对策

一旦发病，就无法用药治疗。柑橘类在整个夏天，每隔 10 天喷洒苯菌灵等杀菌剂，可以达到预防的效果。

痘疮病

发生时期

（月）

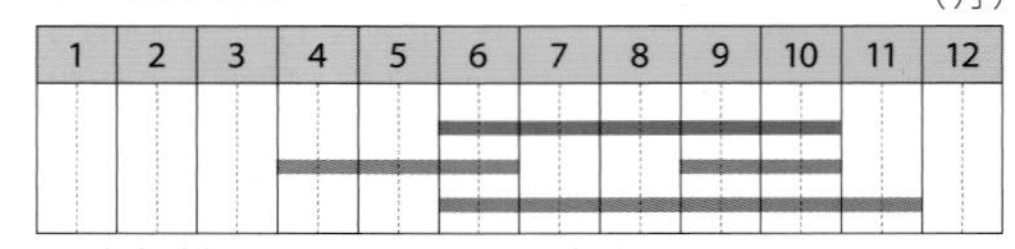

发生时期　预防时期　治疗时期

是什么样的病害

在叶脉处长出暗褐色至黑色的斑点，之后病斑的中央处会变白，出现穿孔。

容易发病的部位　叶

容易发病的植物

八角金盘、落霜红、大花四照花、山茱萸、榉树、玫瑰等

防治对策

将病叶连枝剪除，落叶也要清理干净。购买苗木时，务必确认植物的健康状态。最好种植在排水良好的地方，并定期修剪过于茂密的枝叶、进行整枝，以保持良好的光照和通风。

用药对策

日本没有专门的治疗药剂。如果是落霜红，可以在 4～6 月、9～10 月喷洒百菌清或甲基硫菌灵。

当危害加剧时会长出大量斑点，严重影响美观。进一步发展下去，叶片在落叶前会先枯萎。

立枯病

到真叶（长在子叶上方的叶片）长出2～3片的发育初期容易发病，发病部位是接触地面的部分，发病几天后幼苗便会枯萎。被病原菌侵袭的部分会腐败但不会发出恶臭味。

发生时期

（月）

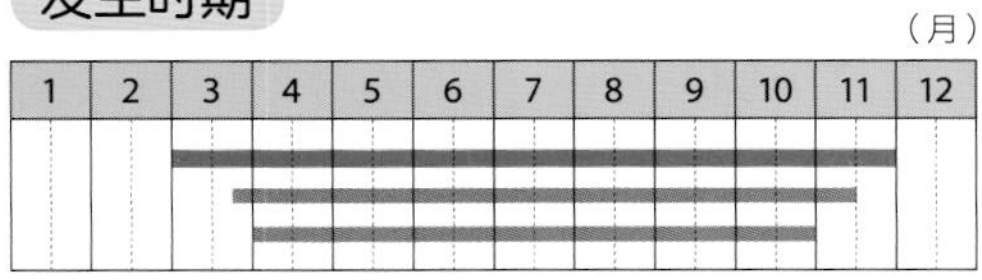

■发生时期 ■预防时期 ■治疗时期

是什么样的病害

在刚发芽或定植后的幼苗生长初期发生。接触地面的部分会变成褐色、腐烂，而且茎变细，最终倒塌。根部也会腐烂，幼苗可能在几天内就全军覆没。如果是蔬菜，必须更加注意。

容易发病的部位

刚发芽的苗、幼苗

容易发病的植物

苏丹凤仙花、翠雀、翠菊、菠菜、番茄、黄瓜、哈密瓜、西瓜、葱、甘蓝、茄子

防治对策

发病的植株必须尽快拔除，并且妥善处理。病原菌会潜藏在土壤中，从根部的伤口入侵，所以最有效的防治方法就是避免让根部受伤。除了避免连续栽种、使用腐熟的堆肥外，也要保持良好的排水环境。密植会造成排水不佳，提高发病率，所以一定要勤疏苗，保持适当的间距。用于播种和育苗的土壤，必须是没有被病原菌污染的新土。

用药对策

发病后，即使喷洒药剂也很难达到防治的效果，所以要使用克菌丹等适合该植物的药剂，喷洒在种子上或者混入土壤后再播种或定植。如果是黄瓜、番茄、葱等的幼苗，可以喷洒百菌清。

炭疽病

发生时期

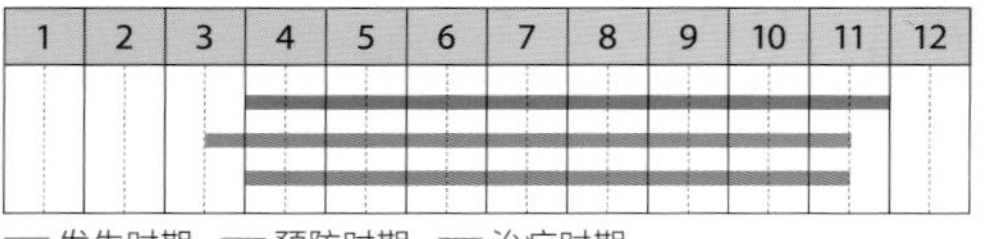

是什么样的病害

叶片出现圆形的褐色病斑后，病斑的中心部分会变为灰白色并穿孔，最后枯萎。

容易发病的部位　茎、叶、果实

容易发病的植物

十大功劳、三色堇、蕙兰、黄金葛、橡胶树、黄瓜、柿子等

病斑稍微呈凹陷状，周围则是褐色；严重时，中心部分会出现粒状的黑色小斑点。

防治对策

平常就要养成观察植物的习惯，因为防治的关键在于能否及早发现。通风不佳会提高发病率，所以要避免密植，适度修剪。浇水的时候要浇在植株底部，不要直接接触叶片和果实。发病的叶片和落叶都要彻底清除。

用药对策

刚发病时，可用适合该植物的杀菌剂喷洒整株植物。像是黄瓜、柿子、橡胶树在内的树木类可以喷洒苯菌灵等。

蔓枯病

发生时期

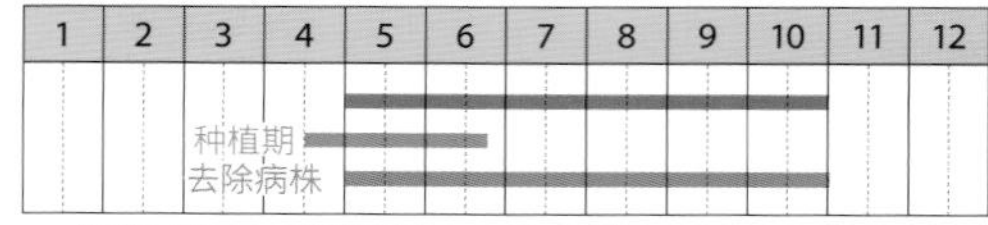

是什么样的病害

接触地面的茎部会裂开，长出白色的霉菌。被病原菌侵害的根部会变为褐色，逐渐腐烂。

容易发病的部位　根、茎、叶

容易发病的植物

牵牛花、黄瓜、丝瓜、哈密瓜、西瓜、瓠瓜、冬瓜、甘薯等

防治对策

拔除发病的植株，连同周围的土壤也一并处理。黄瓜和哈密瓜等瓜菜、瓜果类，可以选择嫁接苗，能够降低发病率。曾经发病的土壤，里面残留的病原菌可存活 5 年之久，所以不要连续栽种。

用药对策

病原菌会从根部入侵，发病后无法用药治疗，所以预防更重于治疗。种植甘薯之前，可以先把甘薯苗的基部浸泡在苯菌灵溶液中，然后再种植。

叶片在白天萎缩，晚上和早晨又恢复精神，不过两三天后还是会整株枯萎。

簇叶病（天狗巢病）

发生时期

（月）

1	2	3	4	5	6	7	8	9	10	11	12
		在切口涂抹杀菌剂									
		去除发病部位									

▬ 发生时期 ▬ 预防时期 ▬ 治疗时期

是什么样的病害

部分树枝会形成瘤状物，并从此处长出许多细枝。细枝的叶片很小，而且不会开花。

容易发病的部位 枝

容易发病的植物

樱花、杜鹃类、枫树、槭树类、笋类

发病后的树木虽然不会马上枯萎，但是放任不管，病灶便会逐渐扩大，而且若频频发病，树木会变得脆弱。

防治对策

一到冬天，要修剪过度茂密的枝条，以保持良好的通风。最切实的方法是及早发现并剪除。一旦发病，必须趁病灶还轻微的时候，把基部的瘤连同细小的分叉一起剪除，一般是在冬天到早春之际。

用药对策

即使喷洒药剂，往往也不能达到理想的防治效果。把发病枝条切除后，为了避免感染，一定要在切口涂抹甲基硫菌灵等药剂。

胴枯病

发生时期

（月）

1	2	3	4	5	6	7	8	9	10	11	12
				在切口涂抹杀菌剂							
	去除发病部位										

▬ 发生时期 ▬ 预防时期 ▬ 治疗时期

是什么样的病害

病原菌从枝条的切口、日灼处或害虫的啃食处等入侵，造成内部变为褐色，逐渐腐烂枯萎。

容易发病的部位 枝、干

容易发病的植物

樱花、青木、柏树、枫树等树木类，以及无花果、李子、梨、桃、苹果、板栗子等果树类

病原菌会从外部的伤口入侵，所以做好天牛类、透翅蛾等害虫的防治工作非常重要。

防治对策

修剪时，误剪粗枝或过度修剪，会造成树木生长不良，从而提高发病率。用墨汁、蜡、愈合剂等涂抹在粗枝的切口或日灼引起的伤口处，可以防止病原菌入侵。为了避免害虫啃食树体，做好害虫的防治工作也很重要。

用药对策

把受害部位的树皮削得稍微深一点。梨、板栗、无花果等果树类，还有樱花、青木、柏树等树木类，适合涂抹甲基硫菌灵，可以杀灭或抑制病原菌。

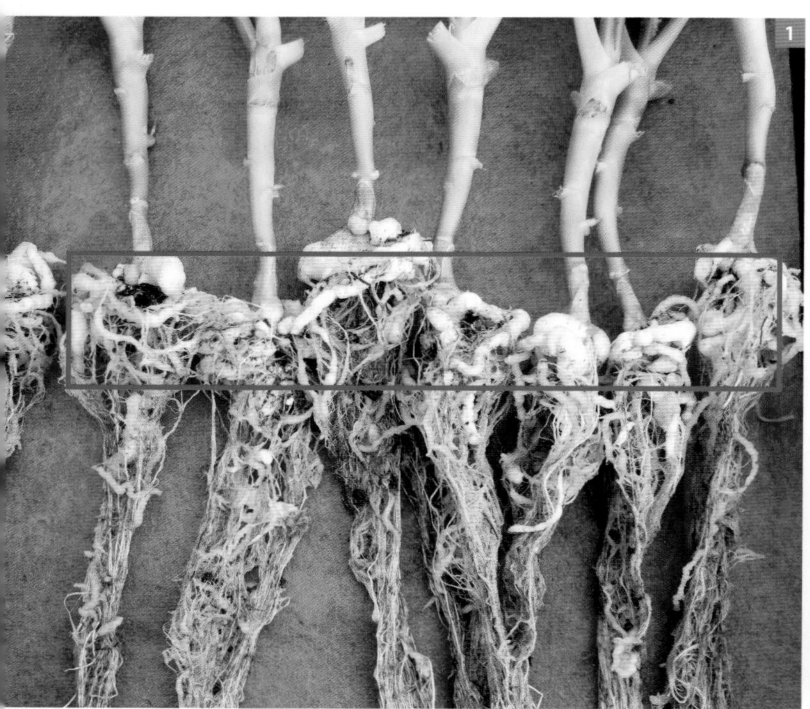

根肿病

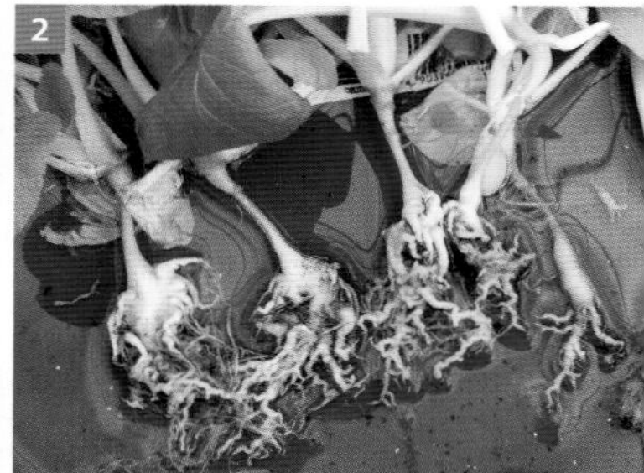

1 图为西蓝花。根结线虫也会造成根部长瘤，但只是整个根部长出无数个小瘤，与根肿病有明显区别。

2 图为小油菜。根部长出大小不一的瘤，叶片的绿色变浅，植株生长不良，软弱无力。

3 图为白菜。发病的初期症状是长出许多小瘤。

发生时期

（月）

1	2	3	4	5	6	7	8	9	10	11	12
播种、定植时											
		去除发病植株									

发生时期　预防时期　治疗时期

是什么样的病害

多发生于十字花科植物。地上部的叶片和植株整体都会变得无精打采，根部逐渐腐烂、枯萎。可以看到拔出来的根部有大小不一的瘤状物。

容易发病的部位　根

容易发病的植物

甘蓝、白菜、芜菁、小松菜、小油菜、白萝卜、西蓝花、花椰菜等

防治对策

一旦发病，处理起来会很棘手，因为病原菌会长期存活于土壤之中，有复发的可能。为了避免根瘤留在土壤中，必须将发病的植株拔出并集中处理。用来挖掘病株周围土壤的工具类也要清洗干净并消毒。此外，避免在同一个场地连续栽种十字花科植物。排水不佳的酸性土壤最容易发病，所以除了改善排水，也要使土壤保持适宜的酸碱度。另外，种植时最好选择对根肿病抵抗性强的品种。

用药对策

如果是甘蓝、白菜、芜菁、小松菜、小油菜、白萝卜、西蓝花、花椰菜等，可以先把氟啶胺混入土壤，再播种或定植。

灰霉病

发生时期

（月）

■ 发生时期 ■ 预防时期 ■ 治疗时期

是什么样的病害

初期长出水浸状斑点，严重时，受害部位会逐渐被灰色的霉菌覆盖而腐烂。

容易发病的部位

花瓣、花蕾、茎、叶等

容易发病的植物

玫瑰、杜鹃、石楠、三色堇、樱草属、圣诞玫瑰、草莓等

由灰葡萄孢菌引发的病害，在梅雨季时常发生于花瓣。防治的关键是保持良好的排水和通风。

防治对策

开花后，要勤加摘除花梗。避免密植，保持排水与通风良好，氮肥的施用量也要适宜。浇水时要浇在底部，不可直接浇在花或叶片上。一旦发病，必须趁早剪除长出霉菌的部分，并妥善处理。

用药对策

尽可能在发病初期使用碳酸氢钾等适合该植物的药剂，仔细地喷洒整株植物，可以防止危害继续扩大。

发病的果实、枝叶、花不能置之不理；造成枝条枯萎的患部也要一并切除。

防治对策

发病的果实会变得皱巴巴的，而且病原菌会不断从与果树的连接处落下，成为新的侵染源。所以一旦发现病果就要立刻摘除，落果也要收拾干净，集中处理。发病的枝叶和花都要立即处理。

用药对策

一旦发病，第二年再度发病的概率很高，所以应使用药剂充分做好预防。可以在开花前喷洒甲基硫菌灵等适合该植物的药剂。

褐腐病

发生时期

（月）

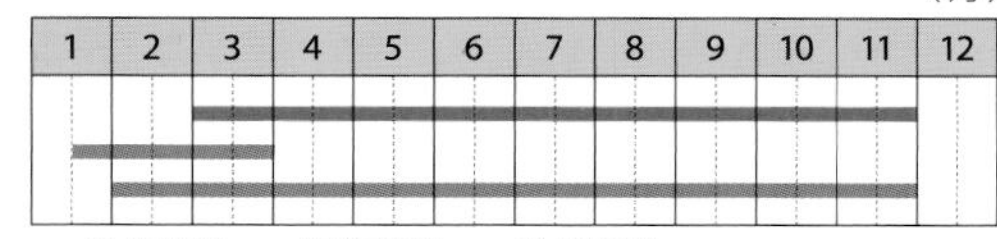

■ 发生时期 ■ 预防时期 ■ 治疗时期

是什么样的病害

有如水渍状的褐色病斑急速变大，整个果实会逐渐腐烂，长出粉状的霉菌。

容易发病的部位

叶、花、新梢、果实

容易发病的植物

杏、梅子、樱桃、李子、黑枣、桃、苹果等

霜霉病

发生时期

（月）

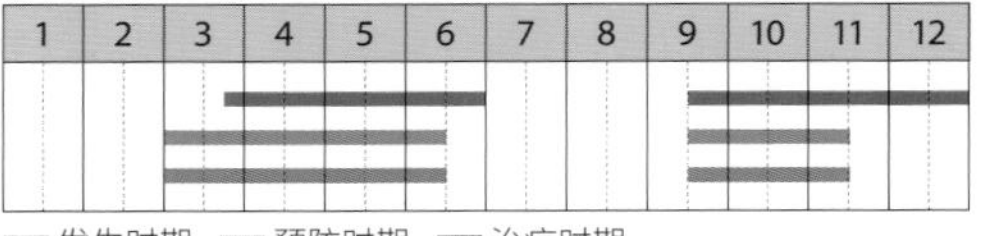

▬发生时期 ▬预防时期 ▬治疗时期

是什么样的病害

在春天到秋天的潮湿环境中易发病。发病叶片会长出多角形的黄色斑纹，背面也会长霉菌。

容易发病的部位

茎、叶

容易发病的植物

菊花、玫瑰、葡萄、黄瓜、南瓜、白菜、芜菁、葱、菠菜等

图为菠菜。发病初期叶片上先长出形状不规则的浅黄色病斑，之后背面会长出灰色的霉菌。

防治对策

避免密植，让植株保持适当的间距，确保光照和通风良好。注意氮肥不足时尤其容易发病。如果要种植蔬菜，尽量挑选抗病性较强的品种。尽早清除发病的叶片，连落叶一起集中处理。

用药对策

如果是黄瓜、哈密瓜、白菜、甘蓝等，使用百菌清等药剂，在发病初期仔细喷洒整株，连叶片的背面也不可遗漏。

褐斑病

发生时期

（月）

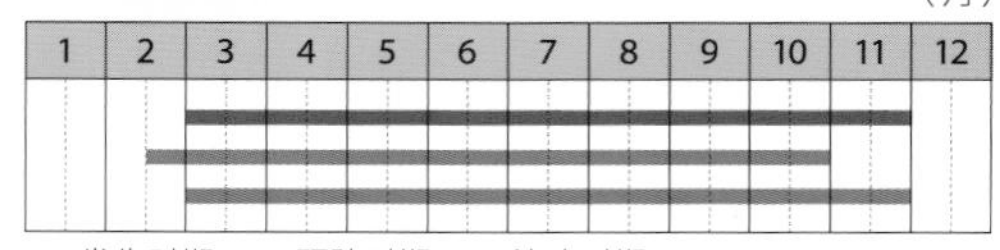

▬发生时期 ▬预防时期 ▬治疗时期

是什么样的病害

叶片和茎会长出褐色和灰白色的斑点。与其他病害的病斑相比，其轮廓较为明显。

容易发病的部位

茎、叶

容易发病的植物

玫瑰、绣球、樱草、苏丹凤仙花、西芹、青椒、蓝莓等

防治对策

确保植株有充分的间距，也要定期修剪长得过于茂密的枝叶，保持良好的通风环境。由于梅雨季和秋天的多雨季节易发病，所以保持排水通畅也很重要。一旦发病，如果置之不理，其他植物也会感染，所以发病的部位要立刻清除并妥善处理。

用药对策

可喷洒百菌清、甲基硫菌灵、喹啉铜（替代原文中的オキシラン悬浮剂，中国无此产品）等适合该植物的药剂，喷洒时连叶片的背面也不要遗漏。

斑点首先出现在下部的叶片，接着上部的叶片也会。随着危害加重，叶片会枯萎，植株也会变得虚弱。

斑点落叶病

1 病叶上长出多角形的褐色病斑，横跨叶脉两边，比健康的叶片提早变红、掉落。果实长不大，而且病原菌也会入侵尚未成熟的落果。
2 红色的小斑点逐渐扩大为圆形，病斑的中心变为赤褐色，周围则是黑紫色。受害严重时会落叶。

角斑病

圆斑病

发生时期

（月）

1	2	3	4	5	6	7	8	9	10	11	12
						角斑病					
							圆斑病				
						去除病叶					

发生时期　预防时期　治疗时期

是什么样的病害

发病叶片会出现各种形状和色彩不一的斑点，而且急速扩散，发生早期落叶。圆斑病、角斑病等导致柿子叶片上出现圆形或角状的病斑，是最具代表性的落叶病。

容易发病的部位　叶

容易发病的植物

柿子、松科植物类等

防治对策

病原菌会潜藏在发病的落叶中越冬，成为第二年的侵染源。冬天必须把落叶集中埋于土中或烧毁后丢弃。尚未成熟即掉落的果实，也要一并集中处理。大树比幼树容易发病，而且生长不良的个体发病率更高，所以必须适度施肥，使其生长旺盛。另外，应注意浇水，避免土壤过干，否则很容易发病。

用药对策

柿子发病时，孢子会从落叶上散落，所以建议在5月下旬～7月上旬喷洒福美双或乙霉威（替代原文中的ゲッタ—悬浮剂，中国无此产品）。必须注意的是，如果太晚喷洒，防治效果不佳。

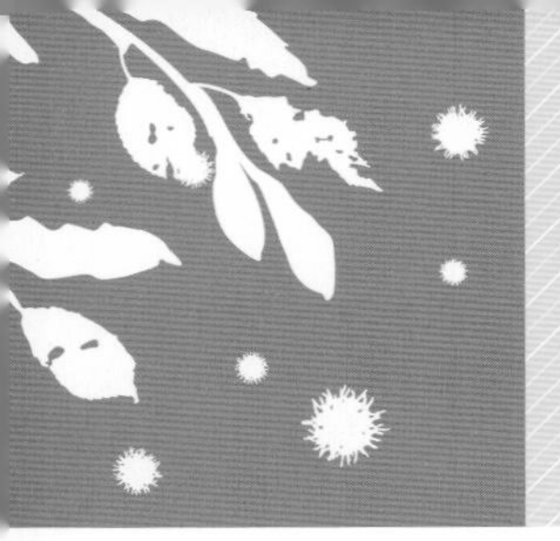

细菌性病害

最具代表性的是软腐病、青枯病、细菌性斑点病等。病原菌也会从被害虫啃食的部位、伤口等处侵染。在连续栽种或排水不佳的环境下，发病率较高。

青枯病

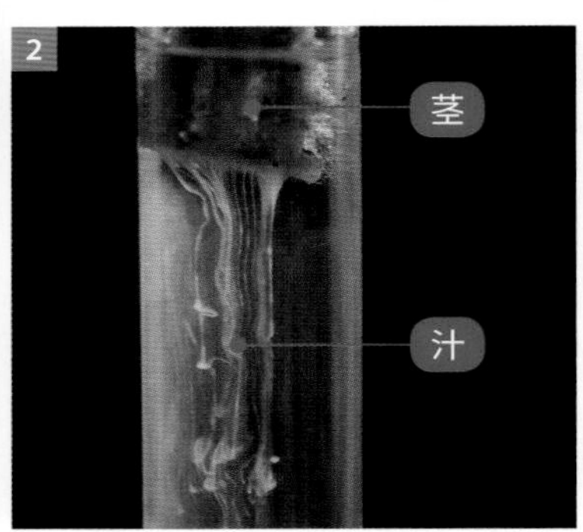

（供图：日本岛根县农业技术中心）

1 茎和叶不是先发黄再枯萎，而是在依然翠绿的情况下突然枯萎，很容易和缺水状态混淆。

2 虽然和枯萎病、立枯病的初期症状相似，但是切开地上茎，可看到乳白色的汁液渗出，很容易区分。

发生时期

（月）

1	2	3	4	5	6	7	8	9	10	11	12
				━	━	━	━				
				━	━	━	━	去除发病植株			

━ 发生时期　━ 预防时期　━ 治疗时期

是什么样的病害

原本生长良好的植株，会突然枯萎死亡。该病发展的速度很快，但茎、叶仍保持绿色，根部则会腐烂成黑褐色。如果切开与地面接触的茎部，会发现里面都已变成暗褐色。

容易发病的部位　茎、叶、植株整体

容易发病的植物

万寿菊、百日草、大丽花、菊花、番茄、茄子、青椒、黄瓜、草莓、茼蒿、马铃薯、白萝卜等

防治对策

为了避免健康的植株被病株传染，必须连根移除病株，周围的土壤也要处理。从梅雨季到夏天这段时间，多发生于排水不良之处，所以务必保持土壤的排水性良好。可以通过提高垄的高度，以确保排水环境。此外，应避免连续栽种，并选择抗病性强的品种或嫁接苗。进行浅耕等作业时也务必小心，以免伤及根部。

用药对策

植物发病后无法用药治疗，而且一旦发病，病原菌会残留在土壤内，再从根部入侵。虽然使用药效强的药剂进行消毒较有效，但是不适合家庭园艺，还是建议采用喷洒药剂以外的方法，如提高垄的高度，或是铺上稻草以提高地面的温度，并且控制浇水量。

溃疡病

柑橘类和梅子发病时，果实、叶片、茎会长出有如软木塞般的浅黄色斑点。

发生时期

（月）

发生时期　预防时期　治疗时期

是什么样的病害

叶片、枝叶和果实长出痂皮状的小斑点。多发生于雨水多的时候。

容易发病的部位

茎、叶、果实

容易发病的植物

郁金香、番茄、梅子、柑橘类、猕猴桃等

防治对策

必须彻底清除病叶和落叶。病原菌会从疏芽时的切口入侵，所以要用塑料薄膜盖住植株底部，防止泥水飞溅。如果种植柑橘类，必须仔细防治柑橘潜叶蛾，以免叶片受害。

用药对策

如果是番茄（不包含樱桃番茄），在疏除侧芽后喷洒喹啉铜或硫酸铜钙（替代原文中的カスミンボルドー、カッパーシン悬浮剂，因为中国无此产品）；柑橘类则喷洒碱性氢氧化铜。

黑腐病

即使发病部位上的病斑扩大至破裂，也不会软化和腐烂。

发生时期

（月）

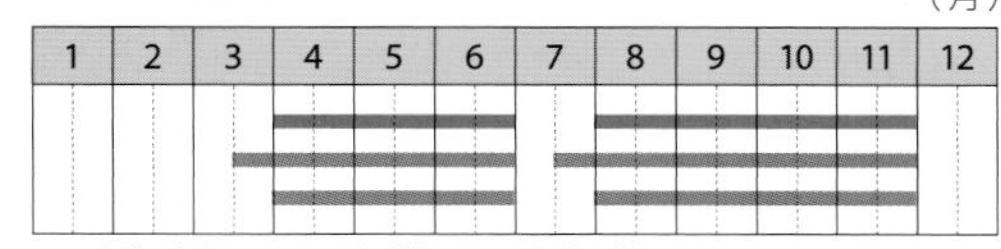

发生时期　预防时期　治疗时期

是什么样的病害

十字花科植物易发生。叶缘会长出黄色的病斑，呈 V 字形扩散。

容易发病的部位

茎、叶、花蕾

容易发病的植物

叶牡丹（羽衣甘蓝）、紫罗兰、甘蓝、西蓝花、白萝卜、白菜、小松菜等

防治对策

避免密植，使植株保持充足的间距，以确保通风与光照良好。病原菌有可能从被害虫啃食的伤口处入侵，所以除了防治害虫，最好选择抗病性强的品种。必须将发病的植株连同周围的土壤一并清理干净。

用药对策

在发病前便可喷洒药剂。尤其是在台风等强风暴雨过后，可喷洒春雷霉素等药剂。

瘤病（癌肿病）

（供图：日本长崎县农林技术开发中心）

1 在温度较高和多雨的梅雨季等时期特别容易发病。如果是庭院树木，观赏价值也会大打折扣。

2 瘤为暗褐色或褐色，初期只有豆子般大小，之后逐年变大，甚至比拳头还大。

发生时期

（月）

1	2	3	4	5	6	7	8	9	10	11	12
			在切口涂抹杀菌剂 去除发病部位								

▬ 发生时期 ▬ 预防时期 ▬ 治疗时期

是什么样的病害

树木的枝干上出现各种凹凸不平且大小不一的瘤。如果是枇杷受害，则称为癌肿病。病原菌会从伤口入侵，发病后，瘤都会越变越大。

容易发病的部位

枝、干

容易发病的植物

藤萝、樱花、杨梅、连翘、枇杷（癌肿病）

防治对策

瘤的体积变大或数量变多，都会造成植物生长不良；危害加重的情况下，病枝会枯萎，所以必须趁早切除长瘤的枝干，以免危害扩大。如果无法只切除长瘤的枝干，就连同周边的部分一并切除。另外，松树所患的瘤病，是由真菌引起的锈病之一，所以处理方式不同（锈病 ➡ P31）。

用药对策

切除枝干后，用甲基硫菌灵等具有杀菌作用的愈合剂涂抹切口，可避免伤口感染。

根头癌肿病

不注意防治的情况下……

瘤会变得肥大，导致植物变得虚弱，有可能等到受害情况严重时才发现。该病没有根治方法，即使挖除瘤块又会马上复发。

瘤大多长在地表处。只要长过一次，病原菌就会长期潜伏在土壤中，所以只要在同一个地点种植，就会再度发病。

发生时期

（月）

1	2	3	4	5	6	7	8	9	10	11	12
				定植时							

■ 发生时期 ■ 预防时期 ■ 治疗时期

是什么样的病害

从地表处到根部都会长瘤，而且直到树木枯萎之前不会消失。潜藏在土壤中的病原菌会在定植或移植时，从根部或嫁接的伤口处入侵。

容易发病的部位 根、干

容易发病的植物

玫瑰、铁线莲、藤萝、木瓜、樱花、牡丹、大丽花、菊花、梅子、枇杷、柿子、板栗、葡萄、梨、桃、苹果等

防治对策

请记住“预防胜于治疗”才是关键所在，因为一旦发病就难以治疗。在排水不良、土壤水分过多的环境中发病率高，所以必须保持土壤的排水良好。买苗时慎选长瘤的苗株或苗木，而且定植时注意不可切断根部。如果发现有植株发病，必立刻连同周围的土壤一并挖出并妥善处理。原本种植处的土壤必须更新，或者在专家的指导下进行土壤消毒。用来切除病株的剪刀也必须用酒精消毒。

用药对策

如果是玫瑰、菊花和果树类，在定植或移植之前，先把根部浸泡在可以杀灭农杆菌的水溶液中（如春雷霉素水溶剂）。但是对已经发病的苗株和苗木无效。

软腐病

1 虽然也有类似导致植株底部腐烂的病害，但软腐病会发出恶臭味，具有辨识性。
2 如果是白萝卜发病，除了叶柄之外，根头部也会软化腐烂，并发出恶臭味。

发生时期

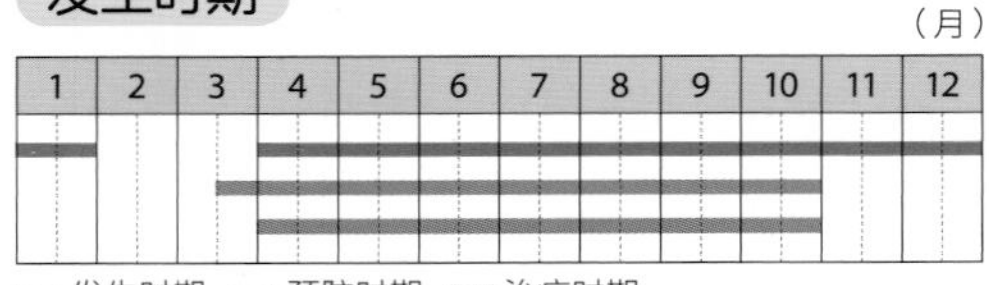

是什么样的病害

特征是接触地面的部分会腐败，变得有如溶化般枯萎。腐败的部分还会发出恶臭味。土壤中的病原菌会借雨水从植物的伤口和被害虫啃食之处入侵。

容易发病的部位

叶、根、球根

容易发病的植物

仙客来、樱草属、郁金香、百合、圣诞玫瑰、卡特兰、蕙兰、白萝卜、白菜、莴苣、番茄等

防治对策

拔除发病的植株，连同周围的土壤一起回收。排水不佳会导致发病率高；如果是菜园，可提高田畦的高度以改善排水，并保持适当的间距，避免连续栽种。定植、移植、整枝、除草等作业最好在晴天时进行，并注意不要伤及植株。夜盗虫等害虫的防治工作也要做好。杂草的根部周围也存在着病原菌，所以及时拔除杂草很重要。

用药对策

发病后就无法用药治疗。只能在发病前或发病初期仔细喷洒适合的药剂，以达到预防的效果。另外，如果前一年发过病，为了预防感染，建议选择适合的药剂定期喷洒。仙客来及莴苣、白菜、甘蓝等蔬菜，适合施用枯草芽孢杆菌或噻菌铜（替代原文中的パイオキーパー悬浮剂，该产品为日本的微生物农药，中国无此产品）。

细菌性斑点病

1 感染细菌性斑点病时，会长出有如水浸或油浸状的病斑，病斑周围会出现黄晕。
2 只要发现病叶就立刻摘除，接触过病叶的手或使用过的刀刃等工具也会成为传染源。所以作业后务必消毒。

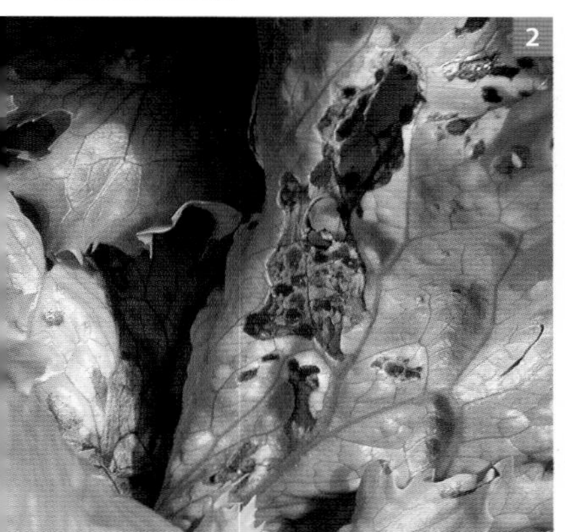

发生时期

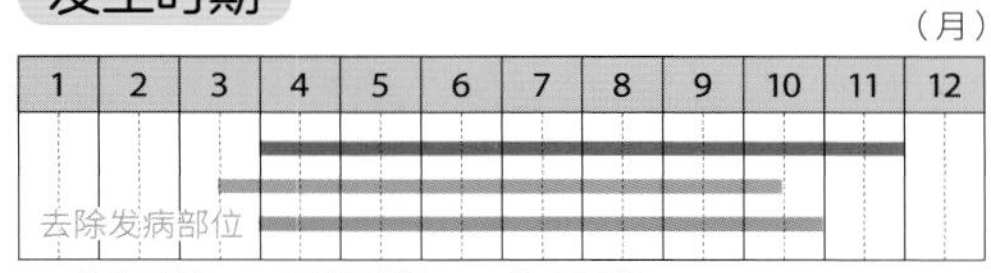

■ 发生时期 ■ 预防时期 ■ 治疗时期

是什么样的病害

起初叶片和茎会出现水浸状斑点，而且病斑的轮廓并不明显。如果周围出现黄晕，表示是由细菌引起的斑点性病害。叶片的背面并不会长出霉菌。

容易发病的部位 茎、叶

容易发病的植物

秋海棠、康乃馨、一品红、紫丁香、枫树、酸浆、黄瓜、南瓜、西瓜、毛豆、莴苣等

防治对策

一旦发现病叶，就要趁早摘除。病原菌会借助水滴和风散播，必须改善排水，垫上塑料薄膜以防止泥水飞溅。浇水时要浇在植株基部，避免浇在叶片上。此外，不可密植，并适度修剪过于茂密的枝叶，以确保光照与通风良好。应注意的是，一次性施氮肥过多也会提高发病率。保护植物免受损伤，以免病原菌从伤口等处入侵。

用药对策

发病后再施用药剂，通常效果不佳。如果是种植香草类或蔬菜类植物，可在发病初期仔细喷洒喹啉铜；紫丁香和枫树等，可以在长出新叶时喷洒喹啉铜等。

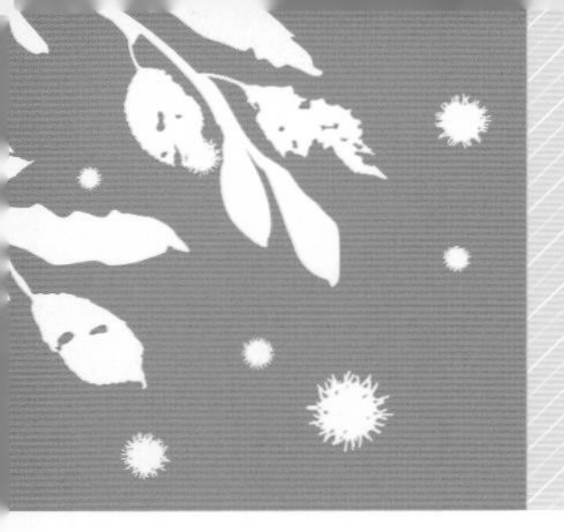

病毒性病害

病毒只会在活细胞内增殖。植物一旦发病，叶片和花瓣会出现马赛克般的纹路，出现畸形和萎缩等发育不良的现象。

病毒病

1 西方花蓟马是外来害虫，不仅吸取植物汁液，也会成为传播病毒的媒介。

2 被西方花蓟马为害的大丁草。大多是在开花前病毒入侵植株内部，等到开花时发病。

发生时期

（月）

1	2	3	4	5	6	7	8	9	10	11	12
尤其是蚜虫的多发期											
防治作为传播媒介的害虫											
去除发病植株											

发生时期　预防时期　治疗时期

是什么样的病害

蓟马类和粉虱类会吸食植物汁液，并成为传播病毒的媒介。会出现叶片先有浅黄绿色的斑纹和轮纹，进而皱缩卷曲、萎缩、变色、黄化和茎发黑枯萎等现象。

容易发病的部位

茎、叶、果实、植株整体

容易发病的植物

瑞香、苏丹凤仙花、大丁草、菊花、大丽花、长春花、万寿菊、翠菊、番茄、青椒

防治对策

缺乏有效的治疗病毒病的药物。一旦发病，只能尽快拔除病株。关键在于防治作为病毒传播媒介的蓟马类等害虫。建议从幼苗期开始，使用防寒纱或防虫网等覆盖于植株整体；也可以利用蓟马对蓝色有强烈趋性的特点，使用蓝色的粘虫板进行捕捉，也颇有成效。作业时必须谨慎小心，以免伤害植物；作业后，手和器具类都要清洗干净。

用药对策

药剂对已经被病毒感染的植株无效，但是喷洒来台明液剂（香菇菌丝体萃取物，中国无类似产品），可以防止番茄和青椒等受到感染。另外，使用噻虫嗪和多杀菌素等适合药剂，可以防止蓟马和粉虱等害虫靠近，降低发病率。

嵌纹病（花叶病）

1 山茶花和茶花叶片出现马赛克纹路，也有人觉得美观而求之不得。

2 郁金香发病时，花瓣出现不规则的丝状斑纹。

3 西葫芦叶片出现浓淡不均的马赛克纹路。若病害进一步发展下去，连果实也会出现症状，无法采收。

发生时期

（月）

1	2	3	4	5	6	7	8	9	10	11	12

尤其是蚜虫的多发期

防治作为传播媒介的害虫

去除发病植株

■ 发生时期 ■ 预防时期 ■ 治疗时期

是什么样的病害

该病的传播媒介是蚜虫。多数植物都可能感染，叶片和花瓣会出现浓淡不一的马赛克花纹或斑纹，植株整体会矮化。如果是蔬菜类，感染后受害加重，植株可能会枯萎。

容易发病的部位　花瓣、叶、植株整体

容易发病的植物

绣球、樱花、瑞香、郁金香、三色堇、百合、小黄瓜、番茄、菠菜、紫苏、西葫芦

防治对策

蚜虫吸食病株的汁液后，再吸食健康植株的汁液，从而传播病毒，所以一旦发现病株，必须立刻连同地下的球根进行回收。但如果蚜虫聚集，表示植物已无法幸免。建议从幼苗期开始，使用防寒纱或防虫网等，覆盖植株整体；也可以利用蚜虫厌光的特性，铺上银黑色塑料薄膜，防止蚜虫飞来。另外，使用后的剪刀等器具都必须消毒，碰触过病株的手也要用肥皂清洗干净。

用药对策

日本市场上没有专门的治疗药剂。因为嵌纹病是由蚜虫传播病毒而致病，所以最根本的防治方法就是防止蚜虫入侵。使用防治蚜虫的药剂时，记得连周围的草花也一并喷洒。郁金香、三色堇、百合等草花和观叶植物，可喷洒噻虫嗪在植株底部；香草类植物和一般蔬菜可喷洒盐酸吗啉胍乙酸酮或氨基寡糖素（替代原文中的ベニカマイルドスプレー，中国无此产品）。

专 栏

生理性病害

有些看着是由病原菌或害虫引起的病害，其实是“生理障碍”，也就是生理性病害，属于非传染性病害。养分、光照、土壤的水分与酸度、温度等不足或过量，都会诱使植物产生生理障碍。其症状如叶片变色，叶缘转为褐色、腐烂、枯萎等，和病虫害导致的症状没有太大差异，但受害面积不像病虫害导致的那样会逐渐扩大，既不会发出恶臭味，也没有传染的风险。

改善对策

只要针对致病的原因进行改善，生理障碍的症状就不会继续发展。如果不确定致病原因是生理障碍还是病虫害，不妨先从改善施肥或栽培的环境开始。

番茄脐部发黑时，可能是因钙不足而引发脐腐病；若是缺铁，新叶则会变成黄白色。叶片较薄或是整个冬天都放置于室内的植物，如果长时间被阳光直射，容易造成日灼，症状包括叶尖枯萎、出现斑点。此外排水不良的环境，也会造成根部腐烂。总之，平常必须做好浇水和施肥的管理，在适宜的环境中栽培，植物就能健康生长。

番茄的果实之所以从果顶腐烂，是因为在果实的膨大期缺乏生长所需的钙素。

正常的叶脉是绿色的，一旦缺铁就会变成黄白色。当过度施含磷丰富的肥料时，会导致土壤偏碱性，容易引发此症状。

是因喜阴植物（阴性植物）被阳光直射过久所引起，如果症状持续发展，叶片可能会枯萎。盛夏时应准备遮光网遮蔽阳光。

如果移植的时间拖得太久，根部会缠绕整个花盆，导致水分和肥料吸收困难，因此影响叶色的美观。

如果一次施过量的氮肥，会导致植物软化虚弱。虽然叶片长得很茂密，却不会开花也不会结果。

第3章

植物为什么生虫？

害虫的种类与防治对策

了解害虫的必备知识

危害植物的害虫种类繁多，体长从不到 0.1 厘米到数厘米的都有，基本上可分为两大类。一类是从叶、茎、果实等吸取养分的“吸汁式害虫”，包括蚜虫、粉虱、蓟马、介壳虫、叶螨等。因为这些害虫大多体形微小，往往需等到大量滋生时才被察觉，但这时候受害通常已经扩大。

另一类是在花、芽、叶、果实、根部等处啃食的“咀嚼式害虫”。一般而言，这类害虫多属于大胃王，受害植物几乎被啃得光秃秃，造成严重的损失。总而言之，不论是哪一种类型的害虫，对植物生长发育都会产生严重的危害，所以在采取适当的处理方法之前，必须先掌握害虫的基本知识，才能及时灭虫、挽救受害植物。

1 掌握害虫的三种类型

从害虫对植物造成伤害的三大部位：地下部（根部和地下茎等）、地际部（与土壤相接的部位）地上部（包含花、果实、叶、茎、芽等），可大致将害虫分为 3 种类型。

第 1 种类型 危害植物地下部的根部和地下茎

除了金龟子的幼虫、金针虫，还包括导致根部形成瘤块，使其腐烂的线虫类等。

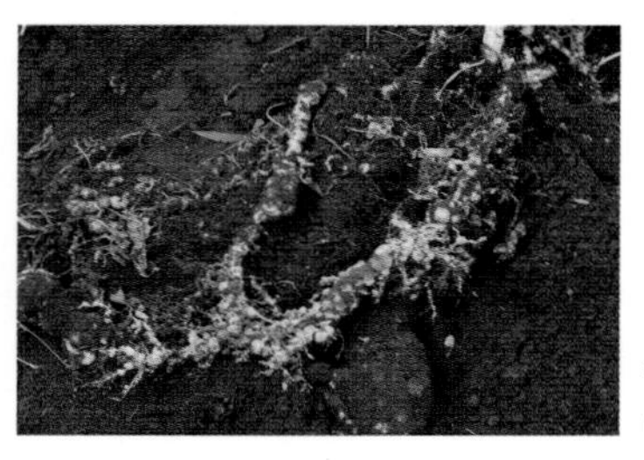

被线虫危害而长出的根部瘤块。

第 2 种类型 在植物基部与土壤交界处危害

这类害虫有危害力强的芜菁夜蛾、球菜夜蛾、地老虎等。

在夜间活动的芜菁夜蛾正在啃食刚发芽的茎。

第 3 种类型 危害植物地上部

❶ 吸食花、芽、新梢、叶等处的汁液

这类害虫包括蚜虫、粉虱、蓟马、介壳虫、蝽、网蝽、叶螨等。除了蝽类害虫，其他害虫体形都很微小，因此发现受害时，有可能害虫已大量滋生蔓延了。另外，蚜虫、粉虱、蓟马类是病毒的传播媒介。

❷ 啃食花、芽、新梢、叶和果实

这类害虫有毛虫、尺蛾、刺蛾的幼虫、卷叶虫、蓑衣虫、夜盗虫、象鼻虫、叶甲、蝗虫、蜗牛、蛞蝓等，几乎都会在植物受害部位附近出没，所以难以确认是哪种虫造成的。另外，潜叶蝇会啃食叶肉组织，咬过的痕迹会使叶片呈现白色纹路，因此别名为“地图虫”。

❸ 危害茎、枝、树干、果实内部

这类害虫有天牛、透翅蛾、食心虫、象鼻虫、大透翅天蛾等，有些会啃食果实内部。草花和蔬菜被啃食后，自受害部位往上逐渐枯萎。庭园树木、花木、果树等则会出现木屑，所以不难判断。

❹ 导致芽、叶产生瘤块

除了瘿螨、瘿蜂、节蜱等，蚜虫也会导致叶片和芽产生瘤块。

群生的蚜虫一起吸食汁液。

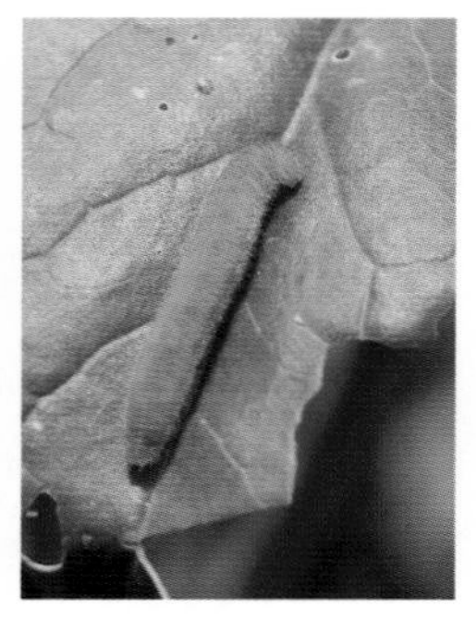

正在啃食叶片的毛虫。

2 整顿栽培环境

防治害虫时，要谨记“先下手为强”的原则。唯有落实平日的管理，才能降低害虫的发生率。在恶劣的光照与排水条件下，蔬菜类生长状况不良，庭园树木、花木和草花等，不但发病率大增，也容易诱发虫害。

防治害虫的关键，就是让植物健全生长。为此，必须将其生长的环境整顿得宜。把预防当作首要目标，是尽可能降低害虫危害程度的不二法宝。

3 防治害虫的基本对策

❶ 选购健康的苗株、苗木和盆栽

购买前，请务必确认植物是否有害虫的啃食痕迹或已经长虫。温室白粉虱和叶螨大多会附着在叶片背面，请仔细确认。

❷ 适度施肥，保持均衡的比例

氮肥施用过多时，只是让叶片徒长，发育成软弱的不良状态，也容易成为害虫啃食的对象。施肥时，要确保氮、磷、钾的比例均衡。

❸ 制造让害虫避之唯恐不及的环境

粉虱和叶螨性喜干燥的环境，喜欢栖息在不会被雨水淋湿的地方。平常放在室内、阳台走廊的盆栽，偶尔也拿到室外淋点雨水，或者在叶片上洒水，以降低害虫滋生的概率。

在叶片洒水可以预防叶螨和粉虱类。

如果种植的是庭木，请用水管洒水，连叶片背面都要均匀喷洒到。

❹ 利用天敌控制

在春天滋生的蚜虫和介壳虫，可由它们的天敌——瓢虫类的幼虫控制。除了瓢虫类，害虫们的天敌还包括小鸟、螳螂、蜘蛛、草蛉、虻、涡虫、青蛙等。所以，保护好天敌，可以间接减少害虫的数量。

青蛙会捕食夜盗虫和毛虫等。

❺ 善用具有防虫效果的器材

使用防虫网或防寒纱覆盖植物，可以避免害虫侵入。或者把可以反射光线的银黑色塑料薄膜铺在垄上，能够防止蚜虫类、粉虱类、蓟马类靠近。另外也可利用黄色或蓝色的粘虫板，发挥诱捕蚜虫类、粉虱类、蓟马类的效果。

在垄上银黑色塑料薄膜，蚜虫类便不会靠近。

用防虫网覆盖整个垄。

利用黄色的粘虫板，可以诱捕蚜虫类、粉虱类、潜叶蝇等。

❻ 及时去除杂草

杂草会夺取土壤中的养分和水分，妨碍植株间的通风和透光，也会成为害虫的温床，所以不可放任杂草丛生，必须及时清除。如果有落叶和枯叶，也需一并清理干净，保持周围环境的整洁。

趁杂草还矮小的时候就清理干净。

害虫

如果能直接用肉眼发现害虫的身影，在处理上便不算麻烦。但有些害虫会潜入土中，或者是体形微小，导致难以确定是哪个种类。以下为大家介绍常见害虫的辨认方法和防治技巧。

碧蛾蜡蝉

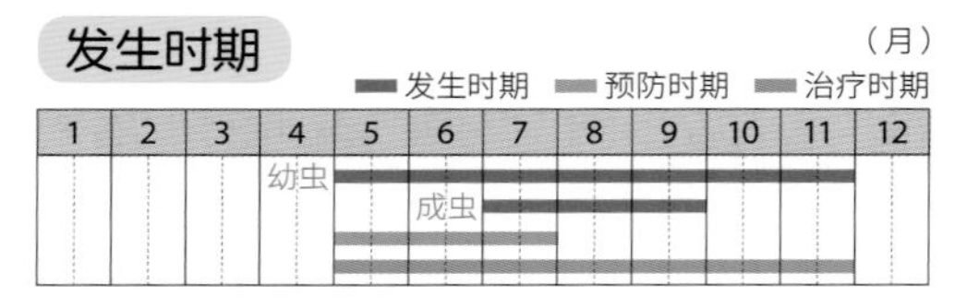

是什么样的害虫

幼虫和成虫都会吸食植物汁液。幼虫分泌的白色棉絮状物会附着在植物上，影响美观。

容易发生的部位

枝、叶

容易遭受虫害的植物

青木、绣球花、山茶花、栀子花、梅子、柿子、柑橘类、石榴、山椒等

在夏末产于枯枝等处的卵，越冬后于第二年5月孵化出幼虫，到了盛夏会长为成虫。

防治对策

修剪交缠的枝叶，保持良好的通风。一旦发现幼虫和成虫时，就立刻捕杀。只是它们的动作非常迅速，不容易捕杀。可用刷子等清除植物上的棉絮状分泌物。

用药对策

造成的危害不大，但如果出现的数量太多，可在5～7月的幼虫期用适合的药剂喷洒植株整体。

菜青虫（菜粉蝶）

发生时期

（月）

发生时期　预防时期　治疗时期

1	2	3	4	5	6	7	8	9	10	11	12
				盖上防虫网、喷洒农药							

是什么样的害虫

菜粉蝶的幼虫，是全身被覆一层细毛的绿色毛虫，对甘蓝造成的危害尤其严重。

容易发生的部位

叶

容易遭受虫害的植物

紫罗兰、香蕉、叶牡丹、白萝卜、小油菜、白菜、甘蓝等

防治对策

从幼苗期开始，用防虫网或防寒纱覆盖植株整体，可以防止成虫在里面产卵。如果发现成虫飞来，产卵的概率会增加，只要发现卵、幼虫、蛹出没，就立刻捕杀。

用药对策

在害虫幼虫期，使用适合的药剂喷洒植株整体，连叶片背面也不可遗漏。

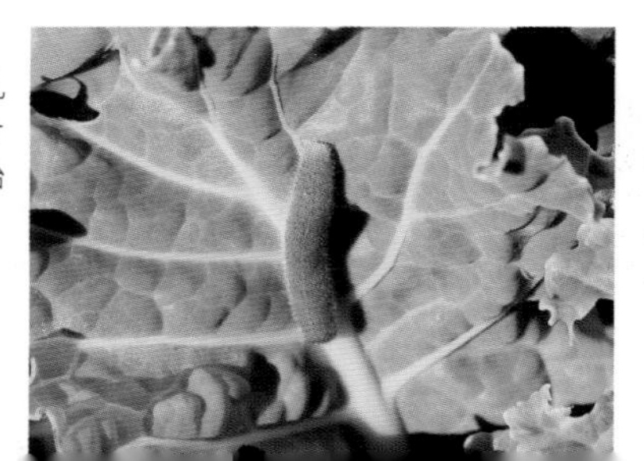

毛虫啃食叶片，导致叶片出现孔洞。严重时，整片叶都会被啃食殆尽，只剩下叶脉。

凤蝶类

发生时期

（月）

发生时期　预防时期　治疗时期

凤蝶的幼虫外形酷似鸟粪，如果发现晚，整片叶都会被啃食殆尽，只剩下叶脉。

是什么样的害虫

凤蝶类只食用特定种类的植物，像是柑橘凤蝶只吃柑橘类植物，黄凤蝶只吃伞形花科植物。

容易发生的部位　叶

容易遭受虫害的植物

柑橘凤蝶：枳、柑橘、金橘

黄凤蝶：红萝卜、荷兰芹、西芹等

防治对策

一旦发现卵或幼虫就立刻捕杀。随着幼虫的长大，啃食量也会逐渐增加，所以要趁虫害还不严重之前解决。可以在幼虫刚出现时，选择适合的药剂喷洒植株整体。另外，如果有成虫飞来，产卵的概率增加，必须做好预防以免害虫繁殖扩散。

用药对策

柑橘类使用噻虫胺杀虫剂，荷兰芹则使用 BT 菌。

蓟马类

图为被蓟马啃食后的葱。蓟马会在叶片表面形成伤口再吸食汁液，所以受害处有白色斑点，失去原有的鲜绿。

发生时期

（月）

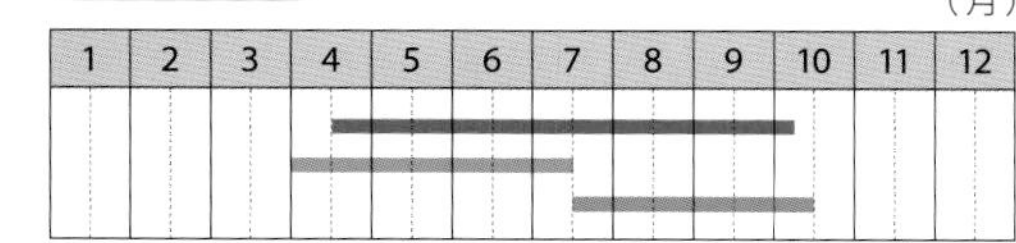

发生时期　预防时期　治疗时期

是什么样的害虫

英文名为 Thrips 的细长小虫，体长 1 ～ 2 毫米。不论是成虫还是幼虫都会吸食植物汁液。

容易发生的部位　叶、花

容易遭受虫害的植物

绣球、山茶花、康乃馨、柿子、黄瓜、茄子、番茄、葱等

防治对策

蓟马不喜欢阳光反射的光线，除了盖反光布防止成虫飞来，也可以利用它们对蓝色的趋性，悬挂粘虫板进行捕捉。在害虫容易出现的时期，给叶片洒水，可防止干燥，并提早摘取花梗。也须及时清除杂草。

用药对策

适合使用可长时间发挥效果的多杀菌素等药剂。喷洒时不要遗漏叶片背面。

蚜虫类

1 蚜虫的排泄物会引诱蚂蚁靠近，所以只要在枝条看到爬上爬下的蚂蚁，就表示很有可能是蚜虫诱发的。蚜虫不只会吸食植物的汁液，也会成为嵌纹病等病毒性病害的传播媒介。
2 黏稠的排泄物会成为霉菌的养分，也可能导致煤污病发生。
3 在春天新芽冒出时，特别容易有蚜虫出没，一旦危害新叶，会造成叶片卷曲。蚜虫体色有黑色、红色、黄色等多种，当群居数量很多时，甚至会出现有翅的个体。

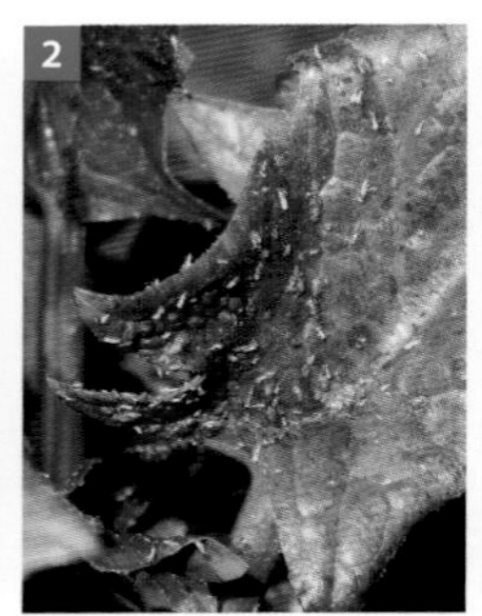

发生时期

（月）

	1	2	3	4	5	6	7	8	9	10	11	12
发生时期			■	■	■	■	■	■	■	■	■	
预防时期			■	■	■	■	■	■	■	■	■	
治疗时期			■	■	■	■	■		■	■	■	

▬ 发生时期 ▬ 预防时期 ▬ 治疗时期

是什么样的害虫

该类属于种类繁多的吸汁式害虫，有些会寄生在特定的植物，也有些属于种类不拘的多犯性（杂食性）。它们会聚集在一起吸食植物汁液，导致植株衰弱。

容易发生的部位

新芽、蕾、花、果实、枝、茎

容易遭受虫害的植物

枫树类、梅子、木槿、玫瑰、菊花、郁金香、羽衣甘蓝、萱草、柑橘类、草莓、黄瓜、卡特兰、常春藤等

防治对策

蚜虫有强烈的群居性，比较容易被发现，但其繁殖速度很快，所以只要看到就应立刻消灭。氮肥施用过量时会促使蚜虫量增加，所以不可施过多氮肥。因为蚜虫对黄色有趋性，可准备黄色的粘虫板诱捕成虫。也可以利用蚜虫的厌旋光性，给垄铺上银黑色塑料薄膜，或在花盆铺上铝箔纸，可防止蚜虫靠近。

用药对策

一般而言，蚜虫对药剂的抗性很弱，所以利用杀虫剂可以有效驱除。在蚜虫发生初期，用药剂仔细喷洒植株整体，连叶片背面都要喷洒到。如果是小型花盆或小型树，洒在底部也有不错的治疗效果。玫瑰、铁线莲、三色堇、萱草等，可使用苦参碱（替代原文中的ベニカマイルドスプレー，中国无此产品）等药剂喷洒植株整体，并在底部施用噻虫嗪。

沫蝉类

发生时期

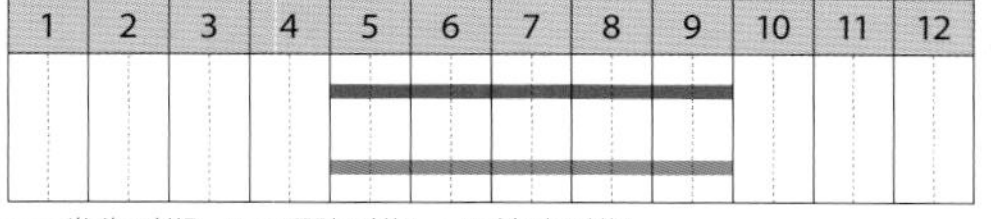

■ 发生时期 ■ 预防时期 ■ 治疗时期

是什么样的害虫

幼虫除了在枝叶上分泌泡沫，也会栖息在泡沫中，以吸食植物汁液为生。

容易发生的部位

枝、叶

容易遭受虫害的植物

玫瑰、绣球、棣棠、厚叶石斑木、松树、冬青卫矛、菊花、蓝莓等

附着在玫瑰枝干的沫蝉幼虫，体长约 1 厘米。幼虫分泌的泡沫会影响植物的美观。

防治对策

在 6 月以后，成虫会以蝉的姿态现身。不论成虫或幼虫，都会吸食植物的汁液，造成的损害虽然不大，但是被泡沫包覆的植物，看起来很不美观。成虫的移动速度很快，但幼虫的动作迟钝，很容易捕捉，发现幼虫时要立刻捕杀。

用药对策

目前尚未有登记的防治药剂。

刺蛾类

发生时期

（月）

	1	2	3	4	5	6	7	8	9	10	11	12
发生时期						■	■	■	■			
预防时期	去除越冬茧				■	■	■	■	■			
治疗时期						■	■	■	■			

■ 发生时期 ■ 预防时期 ■ 治疗时期

是什么样的害虫

以树木的叶片为食的黄绿色毛虫。刚孵化的幼虫会聚集在叶片背面啃食。

容易发生的部位

叶

容易遭受虫害的植物

樱花、梅花、山茶花、大花山茱萸、柿子、苹果、板栗、李子、梨、枇杷等

防治对策

如果发现幼虫应立即捕杀，若皮肤不慎触碰到刺毛，可能会有剧痛感，所以不可徒手捕捉。发现聚集在叶片背面的成群幼虫时，最好连枝一起剪掉，这样效果会最好。到了冬天，用木槌等物品，把附着在枝条上的越冬茧敲掉，可减少第二年发生的概率。

用药对策

每年幼虫出现 1~2 次。一经发现，便喷洒适合该植物的药剂。樱花和大花山茱萸，可用 BT 菌剂（替代原文中的サンヨール液剂，中国无此产品）。

图为褐边绿刺蛾。幼虫长大后会分散开来，数量太多时，叶片会被啃光。

番茄夜蛾、烟草夜蛾

1 烟草夜蛾只会啃食茄科植物。
2 番茄夜蛾会啃食多种蔬菜和草花，包含茄科植物在内。
3 夜蛾类的幼虫可以在移动的过程中，啃食掉多个果实。即使出现的数量不多，也会产生严重的危害。

发生时期

（月）

1	2	3	4	5	6	7	8	9	10	11	12

▬ 发生时期 ▬ 预防时期 ▬ 治疗时期

是什么样的害虫

夜蛾的幼虫会啃食花蕾、果实和茎。花蕾受害，便无法开花；果实受害，便无法食用。枝和茎如果被啃食，从被啃食的部位开始往上会逐渐枯萎。

容易发生的部位 茎、叶、花、蕾、果实

容易遭受虫害的植物

茄子、番茄、青椒、黄瓜、秋葵、草莓、甘蓝、西蓝花、莴苣、玉米、康乃馨、菊花等

防治对策

夜蛾啃食的范围深及植物内部，所以不容易发觉，属于防治上较有难度的害虫。如果发现啃食的痕迹和暗褐色的粪便，请观察周围环境，一旦发现尚未潜入果实内部的幼虫，便可立即捕杀。若果实已有洞，表示幼虫可能潜入，必须切开果实，才能消灭幼虫。使用防虫网可以防止成虫靠近，因为夜蛾的成虫属于夜行性，所以白天将防虫网掀开也无妨。

用药对策

如果幼虫已经潜入果实，即使施用药剂，也难以达到防治效果。所以最好在幼虫开始出没的6月，选择适合该植物的杀虫剂，仔细喷洒，连嫩叶和花也不要遗漏。蔬菜类、康乃馨、菊花等，如果被番茄夜蛾啃食，可使用 BT 菌等药剂。

介壳虫类

1 日本纽绵蚧的卵囊呈环状。它们会寄生在植物上，吸食汁液，之后会分泌出甜汁，有时会诱发煤污病。
2 吹绵蚧有脚，成虫能自由移动。
3 刚孵化的幼虫，可以在植物上移动，几个小时之后就会退化，只能固定在树干和枝条上生活。

发生时期

（月）

1	2	3	4	5	6	7	8	9	10	11	12
一整年都会繁殖幼虫											

■ 发生时期 ■ 预防时期 ■ 治疗时期

是什么样的害虫

所谓的介壳虫泛指所有外形像背着贝壳的害虫，不过有些种类（粉蚧）并没有壳。生态具多元性，有些种类会附着在枝条和树干，也有些有脚能到处移动。

容易发生的部位　枝、干、叶

容易遭受虫害的植物

玫瑰、绣球、梅花、栀子花、无花果、柑橘类、桃、柿子、一品红、蟹爪兰、常春藤、卡特兰等

防治对策

通风不良会提高害虫发生率，除了避免密植，也必须定期修整过于茂密的枝叶。放置于室内和阳台的盆栽，也应保持适当的间距，以保持通风顺畅。附着在枝条和树干的成虫，最好用牙刷轻轻地刷掉，以免伤及叶片和嫩芽。记得观察周围的环境，不要有遗漏。购买苗木和盆栽时，不能选择已被害虫寄生的个体。

用药对策

因为介壳虫全身被厚壳包覆，即使施用药剂也很难见效。不过刚孵化、尚未长出厚壳的幼虫，很容易被药剂消灭，所以建议在幼虫出现的 4 ～ 7 月，选择适合该植物的药剂，每月喷洒 2~3 次。会到处移动的粉蚧，因为身上没有壳，不论何时使用药剂喷洒，都能得到很好的效果。若为柑橘类，在冬天喷洒矿物油乳剂，可以达到防治效果。

天牛类

1 黄星天牛成虫的触角比身体还长。除了啃食树皮，形成孔洞，也会啃食嫩枝的皮。

2 图为琉璃天牛的危害症状，啃食范围会深入枝条内部。枝条受害后，会产生纤维状的木屑。在日本没有适合的药剂，只能以细针刺入洞穴中刺杀幼虫。

3 将木屑清理干净后就能看到幼虫。

4 图为菊虎的危害症状。成虫会钻洞、产卵，造成钻洞处以上的部位枯萎。

发生时期

（月）

1	2	3	4	5	6	7	8	9	10	11	12
一整年都会繁殖幼虫											

■ 发生时期 ■ 预防时期 ■ 治疗时期

是什么样的害虫

天牛类属于咀嚼式害虫，有着长长的触角。其幼虫被称为“铁炮虫”，会潜藏在树干内挖筑隧道，导致树体变得虚弱。树木受害严重时，可能枯萎。

容易发生的部位

干、枝、茎（菊虎）

容易遭受虫害的植物

玫瑰、枫树类、樱花、白桦树、无花果、苹果、橄榄、板栗、菊花、锯齿草（菊虎）等

防治对策

夏天在树上看到星天牛类的成虫时，应立刻将其捕杀。如果看到枝条上出现木屑和粪便，必须连枝剪除，消灭里面的幼虫。也可以用细铁丝等尖锐物，插入有木屑和粪便附着的洞穴，消灭其中的幼虫。看到菊虎的成虫时，也要立刻捕杀。如果种植的是菊科植物，平日就要养成观察的习惯，以便在第一时间发现并及时处理。在成虫出没的时期，可用防虫网等覆盖植物，防止其靠近。

用药对策

发现有天牛钻孔留下的木屑时，先把木屑清理干净，再喷洒适合该植物的药剂，以防治幼虫。对付会啃食玫瑰、枫树类、无花果、枇杷、柑橘类的星天牛，可以使用二氯苯醚菊酯等驱虫剂。

蝽类

发生时期

（月）

发生时期　预防时期　治疗时期

是什么样的害虫

蝽类害虫被触碰时会发出异臭味。其种类繁多，体形大小、花纹、体色都各不相同。

容易发生的部位　新芽、叶、荚、果实

容易遭受虫害的植物

梅子、柿子、桃、柑橘类、毛豆、蚕豆、青椒、茄子、酸浆等

1 九香虫以杉木的松果为食，会大量繁殖。成虫会吸食桃和柑橘类果实的汁液。
2 九香虫的卵和孵化的幼虫。

防治对策

养成随时观察植物的习惯，一旦发现其幼虫和成虫就立刻捕杀。它们会藏身在落叶下或杂草地，并且能在其中越冬，所以落叶和杂草的清理要彻底，不要让它们有机会越冬。给果实套袋，也可以达到防治的效果。

用药对策

蝽类害虫对果树和豆类造成的危害特别显著，建议在其出没的时间，用杀螟硫磷等适合该植物的药剂反复喷洒。

网蝽类（军配虫）

发生时期

（月）

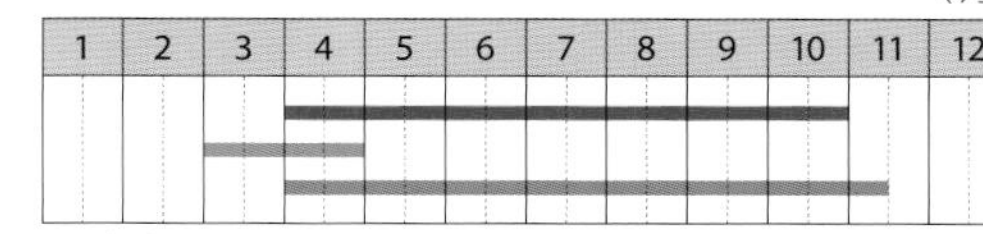

发生时期　预防时期　治疗时期

是什么样的害虫

该虫在叶片背面吸食汁液，会在叶片留下排泄物，因此看起来黑点密布。被啃食的叶片会长出许多白色小斑点。

容易发生的部位　叶

容易遭受虫害的植物

杜鹃军配虫：杜鹃、梅花等

菊花军配虫：菊花、向日葵等

防治对策

在网蝽类容易出现的时期，加强对叶片背面的检查，以便早期发现、早期扑灭。保持良好的通风，避免密植，使植株保持适当的间距，并且定期修剪、整枝。冬天要及时清除杂草和落叶，让害虫没有越冬的机会。

用药对策

受害如果逐步扩大，植物会变得越来越虚弱。最好在害虫开始出现时，使用适合该植物的杀虫剂，以叶片背面为重点，仔细喷洒植株整体。

成虫会将卵产于叶片里面。孵化而出的幼虫不但会栖息在叶片背面，也从这里吸食汁液。

毛虫类

1 图为苹掌舟蛾。孵化的幼虫会集中在某一处啃食，长大后再逐渐分散，所以受害的范围也随着扩大。

2 幼虫群聚在叶片背面，啃食到只留下表皮，导致叶片出现黄白色虫斑，相当醒目。

若置之不理……

幼虫会分散开来，使受害范围扩大。图为叶片被啃光后，只剩下光秃树干的树木。

发生时期

（月）

1	2	3	4	5	6	7	8	9	10	11	12

（图中以色条标示各时期：约6月至7月、8月至10月上旬）

发生时期　预防时期　治疗时期

是什么样的害虫

毛虫类泛指身体覆盖着细毛的所有蛾类幼虫。其成虫一般都在夜间活动，以叶片为食物来源，并在叶片背面大量产卵。孵化而出的幼虫会群聚一起啃食植物，但长大之后会分开行动。

容易发生的部位　叶、花、蕾、茎、果实

容易遭受虫害的植物

山茶花、大花山茱萸、欧丁香、枫树、梅子、苹果、加拿大唐棣、樱花、梨、柿子、桃、紫薇、藤萝等

防治对策

“早期发现、早期防治”最重要。有些种类的毛虫体毛有毒性，会对人类造成伤害，如茶毒蛾，所以千万不可徒手捕捉。幼虫长大后不再成群结队，捕捉时比较费工夫，所以最好趁孵化完成后，连枝或叶片剪下，装入塑料袋等妥善处理。该虫以卵块的形态越冬的概率很高，所以到了冬天要养成检查叶片背面的习惯。如有发现，立刻将附着卵块的枝条剪下并处理。

用药对策

针对不同植物使用适合的杀虫剂固然重要，不过用药后能否见效的关键还是在于“及早喷洒”。因为随着幼虫长大，药剂会逐渐失效，所以最好在幼虫刚出现，还保持集体行动的时候喷洒最有效。若遇山茶花和茶梅被茶毒蛾危害、花被美国白蛾啃食、大花山茱萸被舞毒蛾危害等情况，可喷洒高效氯氟氰菊酯药剂（替代原文中的ベニカＪスプレー，中国无此产品）。

金龟子类

发生时期

（月）

1	2	3	4	5	6	7	8	9	10	11	12

■ 发生时期 ■ 预防时期 ■ 治疗时期

是什么样的害虫

幼虫为乳白色，会潜藏在土中啃食植物根部。成虫会啃食花瓣、叶、蕾等。

容易发生的部位

花、蕾、叶、根部（幼虫）

容易遭受虫害的植物

玫瑰、绣球、山茶花、樱花、葡萄、柿子、梨、大丽花、甘薯等

1 植物根部若被幼虫啃咬，就无法顺利吸收养分，甚至枯萎。

2 叶片会被豆金龟啃食到只剩下叶脉，最后变得残破不堪。

防治对策

棘手之处在于金龟子会到处飞，不会随时待在被害植物上。因此只要发现成虫，就应该立即消灭。看到成虫在腐殖土和未发酵的堆肥上时，表示其正在产卵，必须特别注意。翻土时如果找到幼虫，应立刻捕杀。

用药对策

喷洒杀螟硫磷等适合该植物的药剂。若要防治幼虫，可在定植时将乙酰甲胺磷等药剂混入土中。

粉虱类

发生时期

（月）

1	2	3	4	5	6	7	8	9	10	11	12

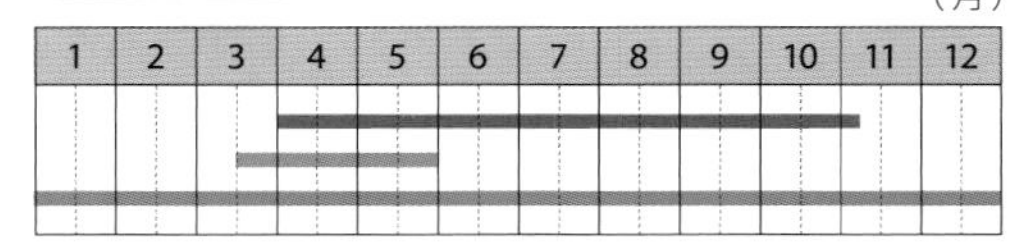

■ 发生时期 ■ 预防时期 ■ 治疗时期

是什么样的害虫

摇晃植物，就会出现如粉尘般扬起的害虫。其成虫和幼虫都会待在叶片背面吸食汁液。

容易发生的部位

叶

容易遭受虫害的植物

朱槿、栀子花、柑橘类、一品红、黄瓜、南瓜、哈密瓜等

防治对策

粉虱是体长约1毫米的小虫，有群居的特征。可利用其讨厌太阳反射光的特性，使用银黑色塑料薄膜防止其靠近。另外，除了使用黄色粘虫板诱捕，也要及时拔除杂草，让害虫失去栖身之所。

用药对策

粉虱的体形非常微小，所以等到发觉时，往往已成灾，无法挽救。只有在粉虱开始出现时就喷洒杀虫剂，才有效果。选择适合该植物的药剂，以叶片背面为主，仔细喷洒。

温室白粉虱可寄生在多种植物上，短期内便能大量繁殖，诱发煤污病。

尺蠖

发生时期

（月）

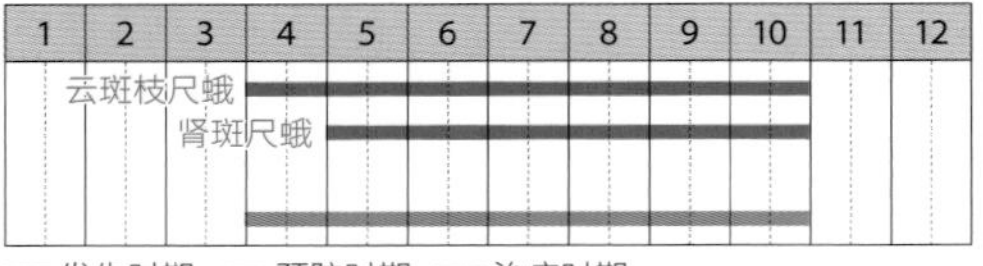

发生时期　预防时期　治疗时期

是什么样的害虫

尺蠖为尺蛾类幼虫的总称。幼虫以蠕动的方式移动，有些会拟态为枯枝的样子。

容易发生的部位　叶

容易遭受虫害的植物

冬青卫矛、檀木、齿叶冬青、梅花、樱花、菊花、柑橘类、无花果、芦笋等

幼虫的啃食量随着长大而逐渐增加，如果没有及早发现，叶片有可能被吃光。

防治对策

一旦发现幼虫就立即消灭，不过有些拟态为枯枝的种类难以辨识，必须仔细观察才不会错过。如果对杂草和树下的草丛疏于整理，会让尺蠖有机可乘，落叶也要清扫干净，用心保持周边环境的整洁。

用药对策

对于已经长大的尺蠖幼虫，药剂防治的效果有限，所以最好在低龄幼虫刚出现时，就喷洒适合的药剂。仔细用药喷洒植株整体，叶片背面也不可遗漏。

钻蛀性螟虫

发生时期

（月）

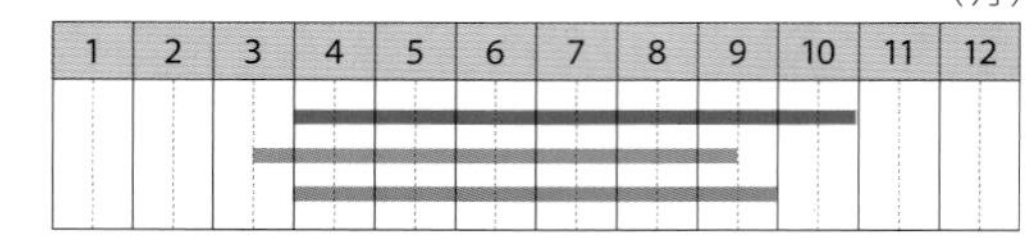

发生时期　预防时期　治疗时期

是什么样的害虫

钻蛀性螟虫是螟蛾的幼虫，会在新梢或果实内钻孔，蚕食内部。从被啃咬的开口处流出粪便，自开口往上的部分会逐渐枯萎。

容易发生的部位　果实、新梢

容易遭受虫害的植物

菊花、款冬、茄子、桃、李子、梨、苹果、豆类等

防治对策

切下受害的茎，捕杀里面的幼虫。被啃食的新梢及有小洞的果实，都要尽早摘下并处理。将果实套袋，可以防止害虫入侵，但在套袋前需先确认果实内没有虫。

用药对策

防治钻蛀性螟虫的棘手之处在于它们会潜入茎中，所以即使喷洒药剂，效果也有限。蛀芽螟蛾的初孵幼虫可用乙酰甲胺磷等药剂防治。

图为被蚕食的茄子。切开流出排泄物的开口下方的茎，可看到里面的幼虫，上面的部分已经呈现枯萎状。

线虫类

发生时期

（月）

1	2	3	4	5	6	7	8	9	10	11	12

播种时、定植时

清除受害的植株

■发生时期 ■预防时期 ■治疗时期

是什么样的害虫

线虫类体长不到1毫米，对植物造成的危害不一。有些种类致使根部腐烂，有些致使根部长瘤，也有些导致叶片枯萎。

容易发生的部位

叶、根

容易遭受虫害的植物

铁线莲、矮牵牛、番茄、秋葵、牛蒡、红萝卜、牡丹、菊花等

植物若被线虫寄生，发育便会不良。如果是蔬菜，甚至可能没有收成。

防治对策

遭受虫害的植株必须连根挖出、妥善处理，避免根部残留于土壤。害虫如果栖息在苗株的根部或球根上，可能会继续在土壤中繁殖，所以必须选购健全的苗株或球根。容易被线虫感染的植物最好避免连续栽种。

用药对策

为了防治被线虫感染的番茄、茄子、青椒、黄瓜、红萝卜、甘薯等，建议在播种或定植之前，于土壤中混入噻唑磷颗粒剂。

图为象鼻虫，也有人称其为宽肩象鼻虫。其成虫除了啃食麻栎、枹栎等树木的新芽，也会啃食成熟的果实。

防治对策

随时仔细观察花蕾和新芽，才能及时发现害虫。一旦发现有植物受害时，最好利用清晨、黄昏等害虫活动力迟缓的时候，捕捉其成虫并将之消灭。除了被啃咬的部位，掉落在地面的部分也要一起清理。

用药对策

因为成虫会飞来飞去，即使用药也不容易将其防除。最好在成虫开始出现时，对植物及其周边喷洒乙酰甲胺磷或高效氯氟氰菊酯等药剂。

象鼻虫类

发生时期

（月）

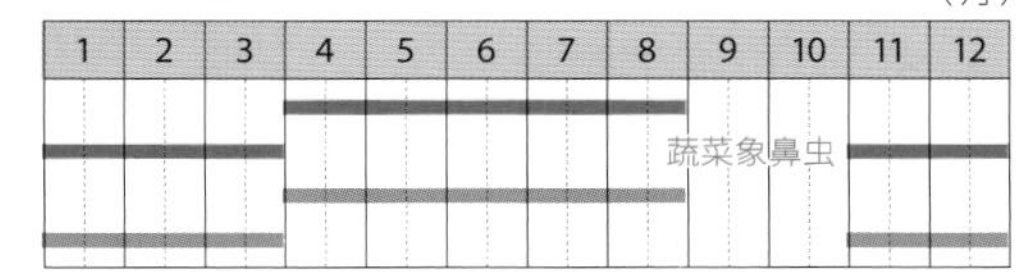

■发生时期 ■预防时期 ■治疗时期

是什么样的害虫

该虫是种甲虫，种类繁多，不论是哪一种都会啃食嫩叶、茎和花蕾。除了对植物造成危害，也会在植物上产卵。

容易发生的部位

花蕾、新芽、果实

容易遭受虫害的植物

玫瑰、紫薇、藤萝、杜鹃类、菊花、桃、梅子、枇杷、红萝卜、白萝卜等

二十八星瓢虫类

外形虽然与瓢虫相似，但它们为害虫，而且全身长着细毛，很容易与瓢虫区别。

发生时期

是什么样的害虫

这类害虫的成虫和幼虫都以茄科植物为食，危害特征是将叶片啃食成网状，只留下叶脉。

容易发生的部位　叶

容易遭受虫害的植物

酸浆、马铃薯、茄子、青椒、番茄、菜豆、豌豆、辣椒等

防治对策

只要发现在叶片背面有其产下的卵、幼虫或成虫，都应该立即消灭。成虫会躲在落叶下等处越冬，所以落叶的清扫工作绝对不可马虎。越冬后，它们会聚集在马铃薯等茄科植物上，因此最好不要在附近种植其他茄科植物。

用药对策

喷洒适合该植物的药剂。如果在越冬后花点时间防治聚集在马铃薯的害虫，就能降低其他植物以后被危害的概率。

毒蛾类

发生时期

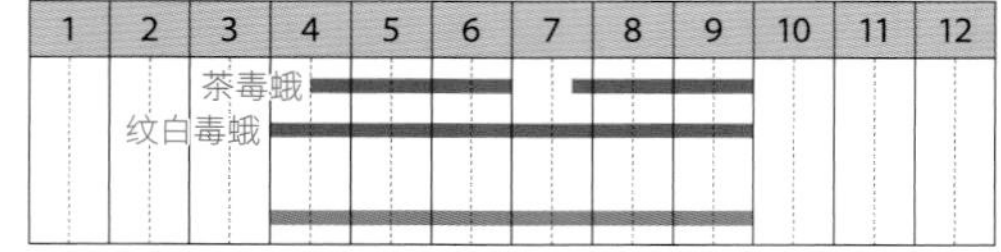

是什么样的害虫

在有毒的毛虫中，最具代表性的是茶毒蛾和纹白毒蛾。它们会群集蚕食叶片。

容易发生的部位　叶

容易遭受虫害的植物

茶、山茶花、茶梅、樱花、长春花、藤萝、苹果、梨、柿子等

防治对策

基本对策是“早期发现，早期驱除”。只要发现害虫的卵和幼虫，便立刻连枝剪下并处理。因为其成虫已不再集体行动，处理起来就比较困难，所以最好利用其幼虫或卵群生的特性，先下手为强。操作时，记得不要用手直接接触其毒毛。

用药对策

选择适合该植物的杀虫剂，在毒蛾类的幼虫刚开始群生时，喷洒植株整体。庭园树木类可用高效氯氟氰菊酯药剂（替代原文中的药剂ベニカＪスプレー，中国无此产品）。

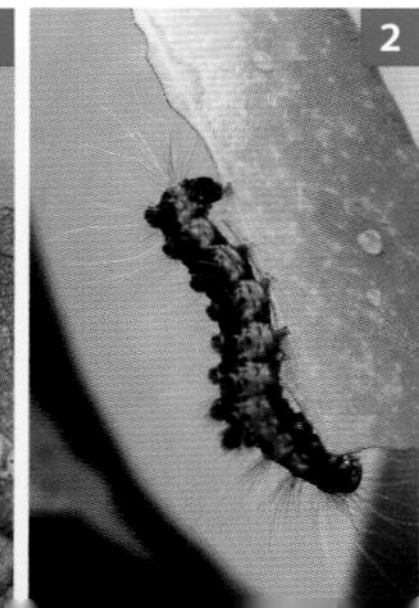

1 茶毒蛾在幼虫阶段会群聚于某片叶上，排成近似笔直的队伍，蚕食叶片。群聚现象随着幼虫长大会逐渐消失。
2 白斑毒蛾的体表带有非常细的毒针，并不是毛。

地老虎

发生时期

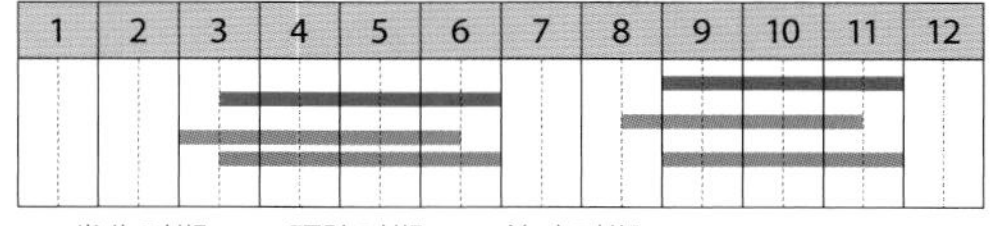

发生时期 预防时期 治疗时期

是什么样的害虫

从与土壤交界处啃断茎部，让苗株倒塌是地老虎的拿手好戏。它们白天潜伏，等到夜间才爬出来危害植物。

容易发生的部位

叶、茎

容易遭受虫害的植物

菊花、大丽花、玫瑰、三色堇、郁金香、豌豆、甘蓝、黄瓜等

芜菁夜蛾是极具代表性的地老虎。即使只有单独一只，也会不断啃食植株，产生严重的危害。

防治对策

轻轻挖起植株底部附近的土壤，找出并消灭其中的幼虫；被咬断的苗株会枯萎，必须准备补栽用的苗株。日常的除草工作要做得仔细。定植时，将上下两端切掉的塑料瓶插入土中，当作苗株的保护罩，可以减轻危害。

用药对策

选择乙酰甲胺磷和丁硫克百威等适合该植物的药剂，在定植苗株及幼虫刚开始出现时喷洒植株底部。

蛞蝓类

发生时期

（月）

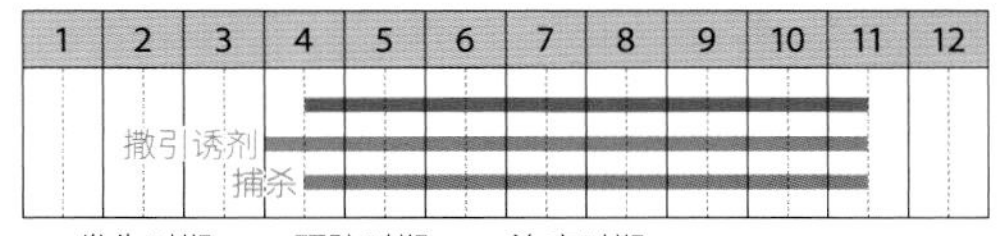

发生时期 预防时期 治疗时期

是什么样的害虫

蛞蝓类是陆生贝类害虫，会啃食叶、花瓣、果实等。

容易发生的部位

花、蕾、新芽、新叶、果实

容易遭受虫害的植物

铁线莲、大波斯菊、三色堇、樱草属、卡特兰、草莓、白萝卜、白菜等

防治对策

蛞蝓类大约在晚上 8：00 开始出没，此时观察植物周边和盆栽底部，若发现其踪迹就立即消灭。落叶要及时清理干净。浇水量也要控制得当，避免湿度太高，并且保持良好的通风。不要把盆栽直接放在地面上。

用药对策

在受害的植物周围撒上引诱剂，便能更容易捕捉到害虫。要注意的是，雨水和浇水会稀释药剂，引诱效果也跟着减弱。

1 它们白天会隐身在盆底、落叶或者石头底下，夜间才出来活动。
2 图为琉球球壳蜗牛，和蜗牛一样会蚕食叶片。

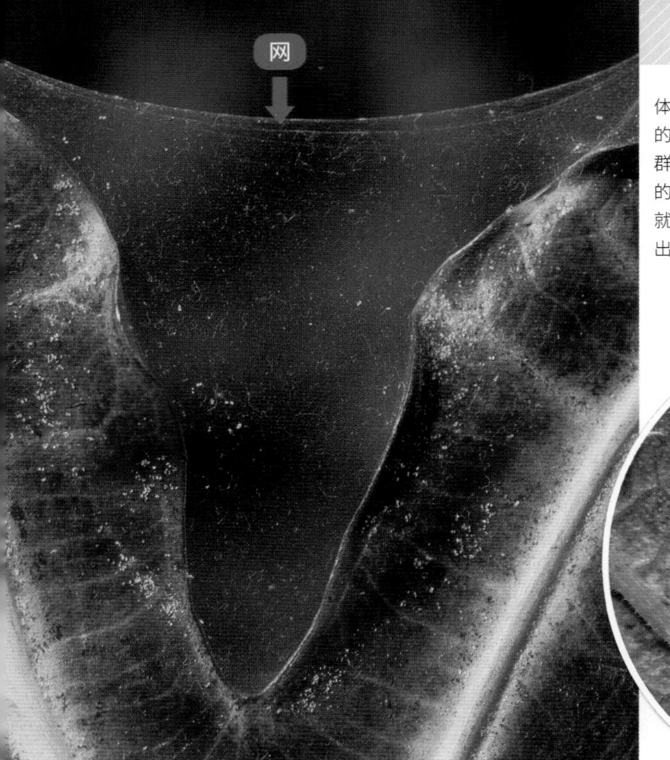

体长 0.2 ～ 0.4 毫米的小虫，有强烈的群聚特性。会结网的叶螨滋生太多时，就会像蜘蛛一样结出巢状的网。

叶螨类

神泽氏叶螨的繁殖速度很快，如果防治的脚步稍慢，就可能受害严重。为了预防叶螨滋生，最好经常给叶片洒水。

发生时期

（月）

1	2	3	4	5	6	7	8	9	10	11	12
在温暖的室内则是一整年											

▬ 发生时期 ▬ 预防时期 ▬ 治疗时期

是什么样的害虫

叶螨类是属于蛛形纲的节肢动物，而不是昆虫，是吸汁式害虫。主要附着在叶片背面吸食汁液，导致叶片出现白色斑点。如果斑点长得太多，整片叶会变得泛白，并阻碍光合作用进行，对植物生长发育产生不良的影响。

容易发生的部位

叶（特别是叶片背面）、花瓣

容易遭受虫害的植物

苏丹凤仙花、万寿菊、玫瑰、齿叶冬青、桂花、皋月杜鹃、袖珍椰子、变叶木、黄瓜、毛豆等

防治对策

日常管理时养成观察叶片背面的习惯，及时发现群聚于叶片背面的叶螨。若要用胶带等捕杀时，动作需小心谨慎，以免叶片受损。植株间保持适当的间隔，避免密植，以保持良好的通风。叶螨不耐潮湿，所以在它们刚开始出现时，如果在叶片背面洒水，可以达到抑止的效果。在雨天时，把原本放在室内、走廊或阳台等遮蔽处的盆栽拿到室外，让雨水洗掉叶螨，或者用水管在叶片洒水，也可以降低受害的程度。

用药对策

叶螨大量群聚时会开始结网，这时候使用药剂也难以发挥作用，所以应该在开始出现时，仔细喷洒适合的杀螨剂，包括叶片背面等处都不可遗漏。药剂如果喷洒不均匀，苟延残喘的叶螨会继续繁殖，必须多加注意。另外，如果重复喷洒同种药剂，防治效果会逐渐减弱，最好轮流使用不同类型。在日本也推荐使用以可食性淀粉为成分的药剂。

叶蜂类

1 杜鹃三节叶蜂的特征是身体上有许多黑斑。常见的受害植物包括杜鹃和皋月杜鹃。

2 杜鹃三节叶蜂的成虫。

3 菁叶蜂幼虫的体色是有光泽的黑色。如果被触碰，就会迅速掉落地面。

4 芜菁叶蜂的成虫。

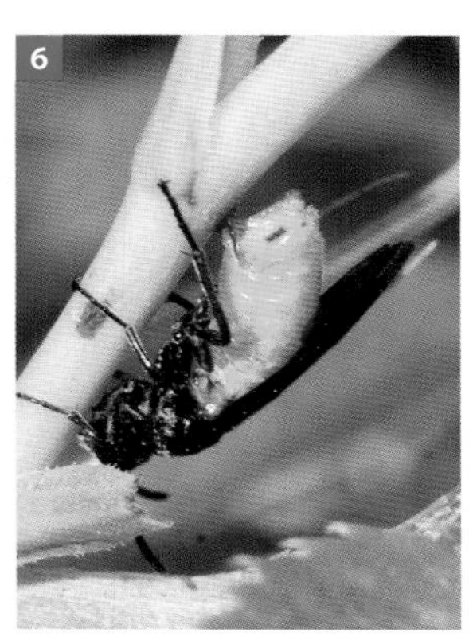

5 玫瑰三节叶蜂是危害玫瑰的主要害虫，有群聚的习性。会从叶缘开始，把叶片啃食得一干二净。

6 玫瑰三节叶蜂的成虫。

发生时期

（月）

1	2	3	4	5	6	7	8	9	10	11	12

发生时期　预防时期　治疗时期

是什么样的害虫

幼虫的体形宛如小型毛虫，会集体或单独蚕食叶片。每一种叶蜂啃食的植物种类不同。滋生的数量太多时，叶片会被啃食殆尽，导致植株生长状态不佳，甚至无法开花。

容易发生的部位　叶

容易遭受虫害的植物

玫瑰（玫瑰三节叶蜂）、杜鹃类（杜鹃三节叶蜂）、紫罗兰、叶牡丹、白萝卜、芜菁（芜菁叶蜂）等

防治对策

一旦发现叶蜂的踪迹，不论是产卵中的成虫，还是在叶片上的幼虫等，都要立刻捕杀，如果放任不管，叶片会被啃食殆尽。防治任何种类的叶蜂，关键都是“早期发现、早期防治”。三节叶蜂类会群聚在玫瑰、杜鹃、皋月杜鹃的新芽和叶片上，所以直接连叶剪除是最方便的解决方式。芜菁叶蜂危害的植物种类大多是十字花科植物，建议在播种后盖上防虫网，避免叶蜂在里面产卵。

用药对策

叶蜂类的幼虫对药剂的抗性很弱，比较容易消灭。可以在它们开始出现时，用乙酰甲胺磷等适合该植物的药剂喷洒植株整体。如玫瑰可用二氯苯醚菊酯（替代原文中的ベニカＸスプレー和ベニカＸファインスプレー，中国无此产品）、杜鹃可用菊酯类杀虫剂（替代原文中的オオルトランＣ）、白萝卜和芜菁则用马拉硫磷乳剂等。

卷叶虫类

发生时期

（月）

■ 发生时期 ■ 预防时期 ■ 治疗时期

是什么样的害虫

该类虫属于卷蛾类，会将叶片卷起并在里面吐丝筑巢。把叶片展开，可看到毛虫状的幼虫。

容易发生的部位　叶

容易遭受虫害的植物

木芙蓉、齿叶冬青、小叶黄杨、石楠花、山茶花、蜀葵、柿子、秋葵等

打开被白丝覆盖的映山红叶片，就会发现绿色的茶卷叶蛾。

防治对策

藏于巢中的幼虫，食量会随着长大而增加，所以要随时观察植物，以便及时发现、及时处理。处理方法是压碎被卷起的有吐丝的叶片，或者打开叶片捕杀里面的幼虫。不过幼虫的动作很敏捷，一不小心就会逃走，要多加注意。

用药对策

如果叶片已经完全被卷起来，这时喷洒药剂的效果会大打折扣。一定要在幼虫刚出现时，选择适合该植物的药剂，喷洒植株整体，才能对叶里的幼虫发挥作用。

金花虫类

发生时期

（月）

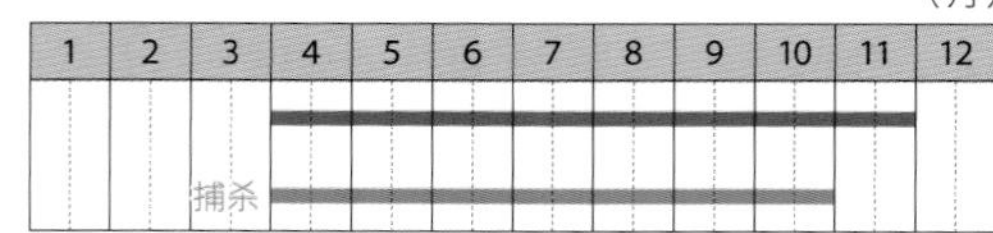

■ 发生时期 ■ 预防时期 ■ 治疗时期

是什么样的害虫

因为金花虫会啃食叶片，所以在日本被称为“叶虫”。有些种类的金花虫成虫啃食叶片，但幼虫则以根部为食。

容易发生的部位　花瓣、新叶、叶

容易遭受虫害的植物

藤萝、石竹、桔梗、菊花、黄瓜、南瓜、小松菜、甘蓝、芜菁等

防治对策

一旦看到飞来的成虫就立刻消灭，而且最好是在凉爽的清晨下手，因为这时它们的动作比较迟缓。除了用防虫网覆盖植物外，也可以利用金花虫讨厌发亮物的特性，在植物底部铺上银黑色塑料薄膜，便能防止它们靠近。

用药对策

在成虫刚开始出现时，可用适合的药剂喷洒植株整体；但是成虫会不断增加，即使喷洒了药剂，效果也不明显。

红背艳金花虫的外形美丽，具有金属光泽感，仿佛闪耀着光芒一样，也会蚕食葡萄叶片。

潜叶蛾类

发生时期

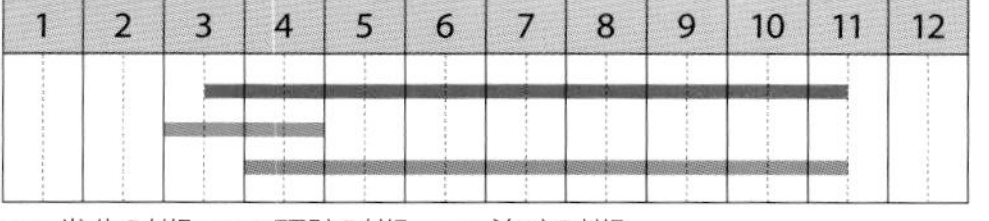

■ 发生时期 ■ 预防时期 ■ 治疗时期

是什么样的害虫

潜叶蛾是栖息在叶肉中的特殊害虫，不但会啃食叶肉，还会留下线状和圆形袋状的咬痕。

容易发生的部位

新叶、果实

容易遭受虫害的植物

樱花、山桃、垂丝海棠、柑橘类、桃、苹果、柿子、梨、葱、洋葱等

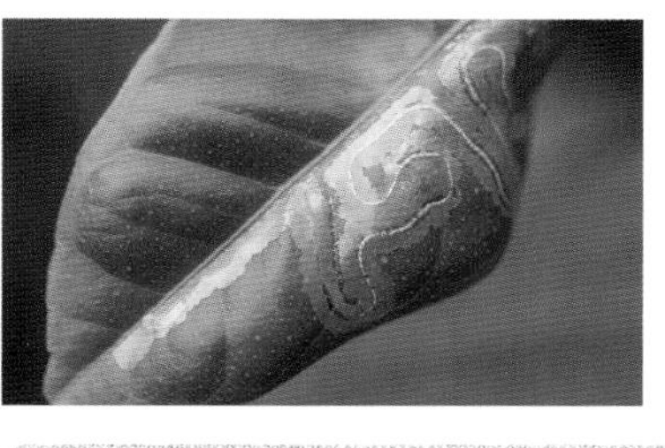

被柑橘潜叶蛾的幼虫啃食的部位，会留下扭曲状的白色线痕。

防治对策

植物被啃食后，不只美观度大减，如果害虫滋生的数量太多，也会造成叶片掉落，对植物生长发育造成不良影响。平常要养成观察植物的习惯，才能及早防治。只要发现位于线痕前端的幼虫和蛹的踪影，立刻用手指捏死，连叶片一起摘除并妥善处理。

用药对策

害虫会潜入叶肉，所以难以用药防治。如果用药，必须在害虫开始出现时，用适合该植物的药剂喷洒植株整体。

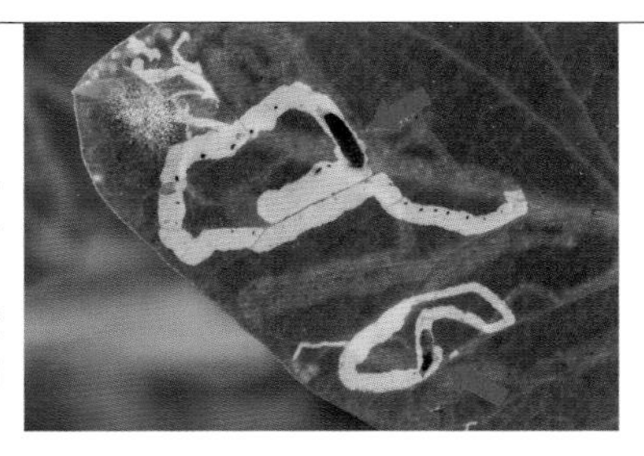

直接观察植物外观时，不容易看到害虫的踪影，但是在阳光下，藏在叶片里的幼虫和蛹则清晰可见。

防治对策

当受害严重时，整片叶都会被啃食，变得发白，导致植物生长发育不良。所以平常要多观察植物，以便及早发现，一旦发现叶片有白色条纹时，就立刻将停留在条纹前端的幼虫或蛹捏死，连叶片一起摘除并处理。

用药对策

在害虫开始出现时，用适合该植物的药剂喷洒植株整体，或者把粒剂撒在植株底部。也可以在定植之前，先把粒剂混入挖好的土壤中。

潜叶蝇类

发生时期

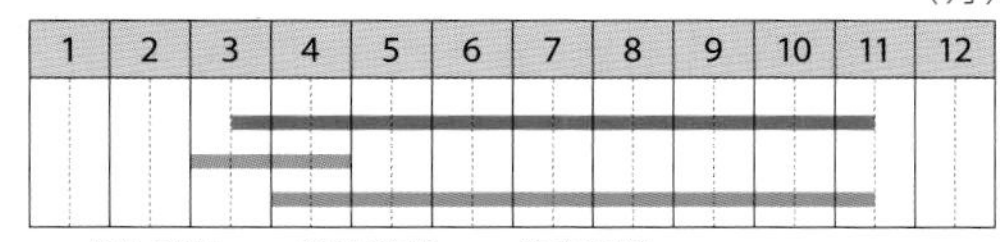

■ 发生时期 ■ 预防时期 ■ 治疗时期

是什么样的害虫

潜叶蝇多发生于草花和蔬菜，在其啃食的部位会留下有如图画般的白色纹路。

容易发生的部位

叶

容易遭受虫害的植物

山茶花、桂花、旱金莲、香豌豆、豌豆、茼蒿、西芹等

细螨类

1 遭受细螨危害的仙客来，除了花朵变形，花蕾也会迟迟无法开花。
2 图为被茶细螨危害的苏丹凤仙花。茶细螨会寄生在新芽和新叶上，造成新叶无法展开，生长不良，而且不开花。
3 仙客来细螨也会寄生在非洲紫罗兰上，所以仙客来与非洲紫罗兰两种植物不可以放得太近。

发生时期

（月）

1	2	3	4	5	6	7	8	9	10	11	12

▬ 发生时期 ▬ 预防时期 ▬ 治疗时期

是什么样的害虫

细螨类是有群聚习性的吸汁式害虫。体长仅 0.2～0.3 毫米。肉眼不容易辨识，所以等到发现时，危害往往已经蔓延。除了叶片和花变形，生长点也会停止生长。

容易发生的部位

新叶、茎、果实、花蕾

容易遭受虫害的植物

茶、苏丹凤仙花、非洲紫罗兰、仙客来、菊花、梨、桃、无花果、茄子、番茄、黄瓜、草莓、大豆等

防治对策

细螨不像其他害虫会在叶片上咬出许多孔洞，所以即使开始危害，有时候也浑然不觉，因此平常必须多加注意。如果出现严重的受损，必须拔除枯萎的植株。杂草也要清理干净，以免成为细螨越冬的温床。购买植物之前，必须仔细确认新芽和新叶有无畸形、萎缩或其他异常之处。还要避免密植，让植株间保持适当的间隔。

用药对策

细螨的繁殖力很强，容易造成大范围的危害。一旦发现新叶出现畸形或新芽萎缩等异常情况，立刻使用适合该植物的杀螨剂，仔细喷洒植株整体，叶片背面也不要放过。但药剂很难对潜藏于花蕾的细螨产生作用，只能先摘除变形的花蕾再喷洒药剂。另外，为了防止细螨危害其他植物，清除病变的部分后，再用适合的药剂喷洒周围环境。

蓑蛾类

发生时期

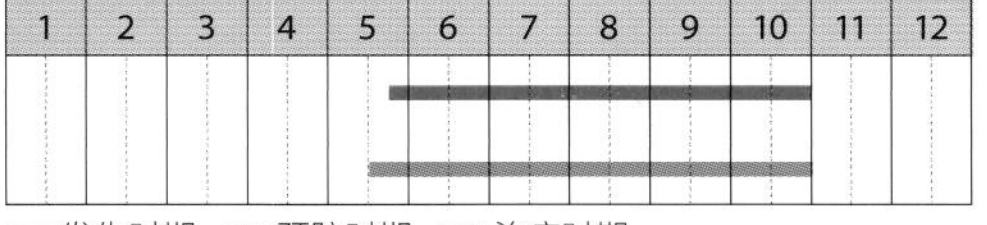

■ 发生时期 ■ 预防时期 ■ 治疗时期

是什么样的害虫

蓑蛾俗称为“蓑衣虫”“避债蛾”，会以树枝和枯叶编造出自己的蓑巢，并垂吊在树枝下等处。

容易发生的部位

新叶、果实

容易遭受虫害的植物

枫树类、长春花、杜鹃、山茶花、樱花、梅子、柿子、蓝莓等

茶蓑蛾会利用树枝制作蓑巢，在秋天时把蓑巢牢牢固定在树枝上越冬。

防治对策

平常养成观察植物的习惯，以便及早发现。幼虫会待在蓑巢里越冬。到了冬天，落叶后比较容易发现它们的踪影，一旦发现就立刻捕杀。在幼虫的繁殖期找到群生的幼虫时，要将它们栖息的叶片从枝条剪下并妥善处理。

用药对策

因为有蓑巢的保护，所以使用杀虫剂的效果并不明显。只能趁幼虫还小的时候，喷洒适合该植物的药剂。

螟蛾类

发生时期

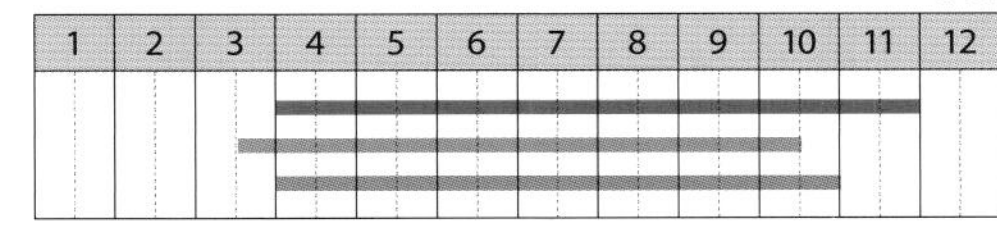

■ 发生时期 ■ 预防时期 ■ 治疗时期

是什么样的害虫

螟蛾类种类繁多，有些会把叶片卷起来或是吐丝，也有些会潜入茎和果实。

容易发生的部位

叶、茎、果实

容易遭受虫害的植物

桂花、黄杨、桃、紫苏、白萝卜、甘蓝、白菜、玉米等

防治对策

将被卷起或有吐丝的叶片用手指直接捏碎，或者打开叶片，捕杀里面的幼虫。如果是十字花科蔬菜，在播种或定植后，直接罩上防虫网。当发现雌花的柱头稍微变色或变成茶色时，必须剪下雄花并妥善处理。

用药对策

幼虫会躲进已被吐丝的叶里，或潜入茎或果实，所以不容易防治。最好在害虫刚开始出现时喷洒适合该植物的药剂。

图为棉大卷叶螟的幼虫，从卷成筒状的秋葵叶里现身。

夜盗虫类

1 夜盗虫也会啃食果实。它们白天都隐身在叶的阴影处或土壤中，等到夜间才出来活动，所以发现时往往为时已晚。

2 斜纹夜蛾的卵块，表面覆盖着一层土黄色的鳞毛。甜菜夜蛾的卵块鳞毛则是白色的，两者可以以此区别开来。

若疏于防治……

孵化的幼虫会群聚在叶片背面，但随着长大会逐渐分散，然后分头把植株啃个精光。

发生时期

（月）

1	2	3	4	5	6	7	8	9	10	11	12

发生时期　预防时期　治疗时期

是什么样的害虫

夜盗虫是外形像毛虫的蛾类幼虫，啃食对象是蔬菜和草花。虽然被称为“夜盗虫”，但是要等到幼虫长到很大了，其作息才会改成夜行性。刚孵化的幼虫会群聚在叶片表面啃食，最后只留下表皮。

容易发生的部位　叶、花瓣、花蕾

容易遭受虫害的植物

玫瑰、铁线莲、紫罗兰、叶牡丹、菊花、凤仙花、天竺葵、甘蓝、白菜、西蓝花、莴苣、葱、番茄等

防治对策

幼虫随着长大会逐渐分散，食量也随之增加。平常要多观察植物，才能及早发现害虫的啃食痕迹、卵或幼虫。如果看到位于叶片背面的卵块或幼虫，必须立刻捕杀，连同叶片一起妥善处理。如果发现茶色或绿色的粒状粪便，或者只看到啃食痕迹，却不见害虫的踪影时，请仔细搜索植株底部的土壤。周边的杂草也要及时拔除。

用药对策

幼虫长大后对药剂会产生抗性，只能趁其体形尚小时选择该植物适合的药剂进行喷洒，叶片背面也不能遗漏。也可以把颗粒型药剂撒在植株底部。玫瑰、三色堇、天竺葵可用杀螟硫磷；甘蓝和白菜可用 BT 菌等微生物杀虫剂。

第4章

我家的植物诊疗室！

找出各种植物的病虫害

防治病虫害的要点

在大自然中生长的植物，被病虫危害的概率不多，原因在于通过天敌等因素，生态得以保持平衡，所以植物能够在得天独厚的环境下生长。但是，菜园、庭园、盆栽等人工营造的环境，无法与大自然相提并论，对植物而言是过于严苛的环境，因此提高了病虫害的发生率。

病虫害防治的关键在于“及早发现”与“及早应对”。即使受害，但只要在危害扩大之前做出正确的应对措施，就能够把危害控制到最低。害虫大多会出没于植物的受损部位附近，所以只要花点耐心，就能消灭害虫。处理的要点在于立刻将发病的植株拔除、烧毁等，以免其他植株被传染，因为危害一旦蔓延，防治会格外棘手。

在大自然里，天敌等各方面因素会保持均衡状态，病虫害发生的概率自然减少许多。

1 掌握病虫害的症状和害虫的习性

若要分析为何植物生长不良、茎叶变色、腐烂枯萎，可粗略分为“病害”和“害虫”两大类型。不论是病害还是害虫引起的，植物都会出现各式各样的症状。

基本上，病害和害虫都有发生的季节或环境，而且在某种程度上存在着特别容易感染某些特定病虫害的植物。换言之，种植植物的时候，如果预先做功课、做好心理准备，就能预判某种植物在什么季节比较容易感染何种病虫害。

病虫害防治的基本概念在于“及早发现”与“及早应对”。如果对于将来可能会发生的病虫害能事先了然于胸，就能够提早做好防范措施，及时做出正确的处理，避免危害进一步扩大。

精心整顿花圃，便能呈现繁花似锦的样貌，也能与病虫害彻底绝缘。

2 养成观察植物状态的习惯

为了采取正确的防治措施，事先掌握病虫害的特征固然重要，但植物之所以受到病虫危害，大多还是因为生长环境恶劣或者植物衰弱。因此，仔细观察通风、光照等环境条件和植物状态便显得格外重要。

除了改善环境条件，时常保持植物周边环境的整洁、及时清理病株和病叶、努力捕杀害虫、注意土壤和气温等栽培环境的调整与变化等，确保植物能够顺利生长，也是防治病虫害的有效措施。

保持适当的间距定植，便能获得良好的光照和通风。

利用落叶树下的空间栽植进行美化，到了春天，阳光会从树间洒落；到了夏天，树木形成遮阴，植物会欣欣向荣。

蔬菜的病虫害

本部分内容汇总了常见的蔬菜及其病虫害，以及这些病虫害的防治方法，希望帮助各位能将损害降到最低，尽情享受收获的乐趣。

【常见于蔬菜的病虫害】

蔬菜受害最常见的是被蝴蝶或蛾的幼虫啃食，或者是被霉菌等病原菌侵染，一下子整株枯萎，甚至没有收成。尤其是不耐连续栽种的茄科蔬菜更需多加注意。

播种和定植前，必须确认种子和苗株是否健康，以免病虫危害菜园。

大多数病虫害都是发生在叶片背面或植株底部，哪怕只是稍有症状，也应立刻先检查这两处。除了采用防虫网、防雨罩、挡泥板等器具，以合理性种植取代连续栽种，也是有利于蔬菜生长的重要措施。

合理性栽培蔬菜，能够降低病虫害的发生率。

为了降低家庭菜园的虫害发生率，诀窍是尽可能种植不同蔬菜。

【同时栽培多种蔬菜】

若不是种植单一蔬菜的农业专家，而是以家庭菜园的方式栽培各种蔬菜，像这样同时栽培多种蔬菜的方式称为“复作”。复作又分为“混作”和“间作”等方法，前者是以随机配置的方式栽培多个品种，后者是以区块划分不同蔬菜的栽培范围。而一次只栽培单种蔬菜的方式则称为“单作”。

根据结果来看，复作时虫害发生率比较低。原因是不同的害虫对蔬菜各有偏好，如果找不到自己喜欢的蔬菜，害虫就会失去判断力。虽然蔬菜的种类越多，害虫的种类也会跟着增加，但以害虫为食的天敌也会随之增加。

总之，从整体评估来说，家庭菜园应该尽可能增加栽培蔬菜的种类，带动栖息生物的多元化，并借助生态的平衡，达到降低病虫害发生率的目的。

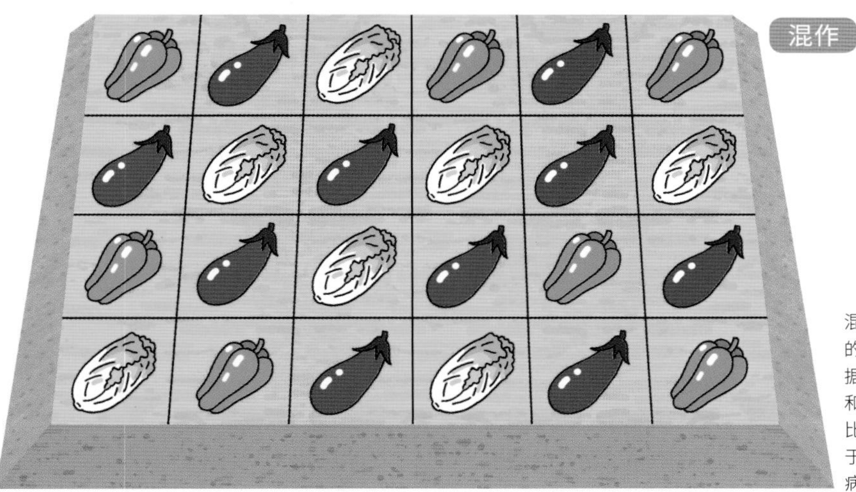

混作是以随意、不规则的方式配置多种蔬菜。据说，栽培种类的多寡和生态平衡的程度呈正比，种类越多，越有益于打造蔬菜不容易发生病虫害的生长环境。

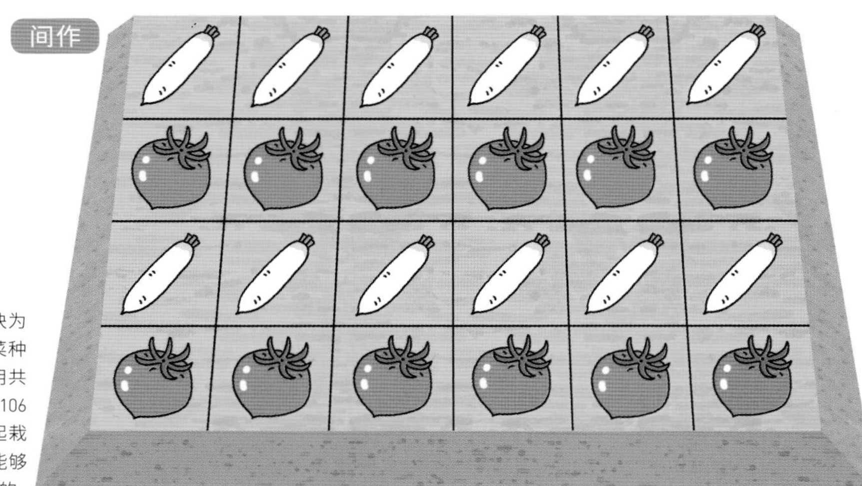

间作是以列、亩或块为划分单位，改变蔬菜种类的种植方式。利用共荣的原理（参考第 106 页），纳入适合一起栽培的蔬菜组合，也能够达到防治病虫害的目的。

芦笋

茎枯病

▶P40下

发生时期 6～10月

茎部长出红褐色的纺锤形斑点后，不久便会枯萎。病斑部分和健康的绿色部分区别明显。如果是嫩茎则会完全枯萎。

防治方法

竖立支架以支撑茎部，避免其东倒西歪。为了避免茎叶长得过于茂密，必须定期疏枝，保持良好的通风。发病的茎叶要尽快剪除并处理。

药剂 一旦发现病变，就喷洒百菌清或苯菌灵等。

肾斑尺蛾

▶P64上

发生时期 5～10月

体色为绿色或浅褐色的肾斑尺蛾，啃食对象包括嫩芽、刚长大的柔软叶片、茎。啃食时不会集体出没，而是单独行动。

防治方法

在夏天会连续发生。因为幼虫的外形容易被误认为树枝等，不易分辨，所以与其找寻幼虫，不如检查被啃食的叶片，更容易发现它们的踪迹，一旦找到幼虫就要立刻捕杀。

药剂 喷洒以十四斑细颈金花虫等为对象的甲基嘧啶磷。

草莓

白粉病

▶P28

发生时期 5～10月

叶片长出白色霉菌，像是撒了面粉一样，而且面积会扩散到整片叶。如果进一步发展下去，会造成嫩芽变形，茎和果实的表面也会被白色霉菌覆盖。

防治方法

多发生于茎叶过度茂密的植株。除了不可过度施肥外，也要摘掉多余的叶片，保持良好的通风和光照。有发病的叶片就立刻摘除。

药剂 在发病初期喷洒以碳酸氢钠为主的溶剂或枯草芽孢杆菌等。

蛞蝓类

▶P67下

发生时期 4～11月

蛞蝓会啃食果实，咬出许多小洞。被啃食的果实周边，会有带光泽的银白色条痕，这是蛞蝓爬行所留下的痕迹。

防治方法

蛞蝓白天会潜藏于落叶下方等隐秘处，所以抓虫时要多往隐秘的地方寻找，如果找到了就立刻消灭。

药剂 使用聚乙醛或枯草芽孢杆菌等。

菜豆、扁豆

嵌纹病（花叶病）

▶P49

发生时期 5～8月

叶片出现浓淡不均的黄色和绿色的马赛克纹路，叶片的颜色变浅。病毒的种类不同，可能会造成叶片出现变形、皱缩卷曲和发育不良等不同的状况。

防治方法

发病时拔除病株并处理。在日常管理上，由于蚜虫是主要的病毒传播媒介，所以用防寒纱覆盖植株，防止多发生于春秋季的蚜虫入侵是防治重点。

药剂 该病病毒无法用药防治。发现蚜虫滋生时，在叶片背面喷洒d-柠檬烯（替代原文中的アーリーセーフ，中国无此产品）。

点蜂缘蝽

▶P61上

发生时期 8～10月

蝽类的一种。其幼虫和成虫会吸食叶片和豆荚的汁液，导致落叶、豆粒变形，采收量也会降低。成虫的身体细长，呈黑褐色或红褐色。

防治方法

只要发现貌似蚂蚁的灰黑色幼虫或成虫，就立刻捕杀。不过它们的动作灵敏，属于捕杀难度较高的害虫。杂草越多，危害程度越高，所以在平常必须及时清除杂草，不可以让杂草丛生。

药剂 当它们开始出现时，对植株整体仔细喷洒杀螟硫磷。

毛豆

嵌纹病（花叶病）

▶P49

发生时期 7～10月

由病毒引起的病害，主要症状是嫩叶会出现黄绿色的斑纹，有如马赛克状，逐渐皱缩卷曲、变形，最后植株整体萎缩，采收量也会减少。

防治方法

该病害的媒介是蚜虫，所以最好盖上防寒纱以防止蚜虫入侵。带毒种子也会成为传染源，必须先经过消毒再播种。如果发现幼苗发病，就立刻拔除。

药剂 等到子叶长出时，留意是否有蚜虫出没，若有可喷洒d-柠檬烯（替代原文中的アーリーセーフ，中国无此产品）等。

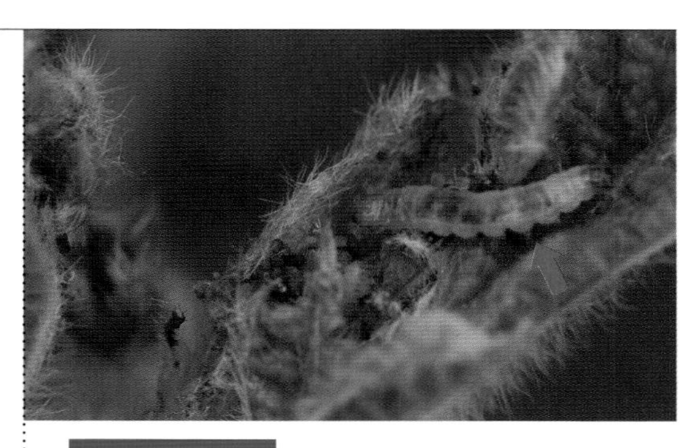

松村氏卷蛾

▶P64下

发生时期 4～10月

该害虫会把茎梢的叶片合起来以掩护自己。在啃食新叶和嫩芽后，还会进入豆荚啃食豆粒。受害的豆荚会发黑变色，新芽也会枯萎、停止发育。

防治方法

在豆荚还没被啃食之前，如果看到卷起的叶片，就从上方捕杀藏在里面的幼虫。因为其成虫也会在叶片背面和叶柄产卵，故建议罩上防虫网，以避免成虫接近。

药剂 害虫开始出现时就喷洒杀螟硫磷，连新芽和豆荚内侧都不要遗漏。

豌豆

白粉病

▶P28

发生时期 4～10月

长出灰白色的霉菌，有如被撒了面粉一样。初期只有叶片受害，接着会扩大到茎和豆荚，如果情况太过严重，整株都会枯萎。

防治方法

多发生于茎叶过于茂密、通风不良的环境，所以要定期修剪茂密的茎叶，避免密植。病株要整株拔除，发病的叶片也要摘除。

药剂 发病时仔细喷洒碳酸钾或己唑醇等。

潜叶蝇类

▶P71下

发生时期 4～10月

成虫在叶缘上产的卵，孵化成幼虫后会潜入叶肉中，钻出隧道状的孔洞，啃食叶片，并且在叶肉内部化蛹。被啃食过的部分会留下白色线痕。

防治方法

播种和定植时，铺上银黑色塑料薄膜或罩上防虫网，以防止成虫靠近。一旦在白色线痕前端发现幼虫和蛹时，立刻将它们捏死。

药剂 喷洒二氯苯醚菊酯或呋虫胺乳剂。

秋葵

根结线虫

▶P65上

发生时期 4～10月

根部被无数个肉眼无法辨识的线形细小生物寄生，产生无数的瘤块，导致植株整体长势衰弱，下部叶片也开始枯萎。

防治方法

连续栽种会造成线虫繁殖，使植物的受害程度加剧，所以不可连续栽种。购买苗株前，仔细检查根部是否出现瘤块，并严禁使用未发酵的堆肥。使用优质堆肥前，必须先把土壤耙松，再种下苗株。

药剂 种植前，先把噻唑磷等混入土壤，可起到预防效果。

犁纹黄夜蛾

发生时期 6～7月、9月

体色鲜艳显眼的幼虫，会啃咬叶缘，并在新芽和新叶咬出许多孔洞，叶片甚至会被啃光，只剩下叶脉，受害惨重。

防治方法

1 年发生 2 次，尤其以秋天的危害更为严重。每到易发时期必须提高警觉，看到幼虫就捕杀。它们也会寄生在木槿和芙蓉等锦葵科植物上，所以不要把蔬菜栽培在此类植物附近。

药剂 在日本没有适合的药剂。

南瓜、西葫芦

白粉病

▶P28

发生时期 4～10月

主要的发病部位是叶。叶片会长出一颗颗白色的霉菌，外观有如被撒了面粉一样。斑点最后会布满整片叶，严重时就会枯萎。

防治方法

保持良好的通风和光照，不要过度施肥。尤其是过多的氮肥会导致植物软弱无力，提高发病率。受损的叶片要摘除干净。

药剂 在发病初期喷洒百菌清。

嵌纹病（花叶病）

▶P49

发生时期 4～11月

叶片长出黄绿交杂的马赛克状病斑，严重时叶片会变形，而且发育不良。有时候连果实也会变得畸形。

防治方法

该病的传播媒介是蚜虫，必须覆盖防寒纱或防虫网以防止成虫靠近。病株要尽快拔除，而且接触过病株的剪刀等不能未经消毒就拿去修剪其他植物。

药剂 在日本没有适合的药剂，最根本的方法是防治蚜虫。

瓜蚜

▶P56

发生时期 4～9月

成虫和幼虫都会吸取植物的汁液。它们除了群聚在芽、叶、茎、蕾、花等部位，妨碍植物生长之外，也是诱发煤污病和病毒病的媒介。

防治方法

多发生于土壤中氮素含量过高的环境，所以注意不要施过多的氮肥。害虫繁殖的速度很快，一定要勤加检查，才能及早发现。

药剂 喷洒吡虫啉乳剂。

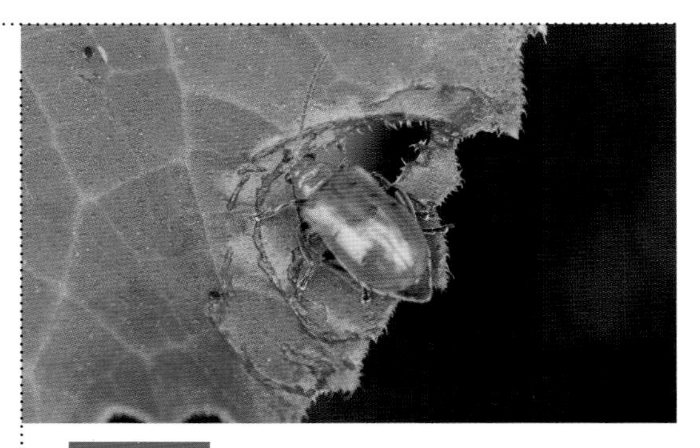

黄守瓜

▶P70下

发生时期 4～10月

成虫会啃食叶片和果实，造成圆形的啃食痕迹。幼虫啃食根部，当根部受害时会导致地上部植株枯萎，因此会造成更大的损害。

防治方法

蔬菜周边如果有大量的瓜科植物，虫害的发生率会大大提高。除了勤加除草，也可与葱混植，并铺上银黑色塑料薄膜，防止成虫靠近。只要一发现成虫就立刻捕杀。

药剂 定植时把二嗪农混入土壤，可消灭幼虫；喷洒马拉硫磷乳剂可防治成虫。

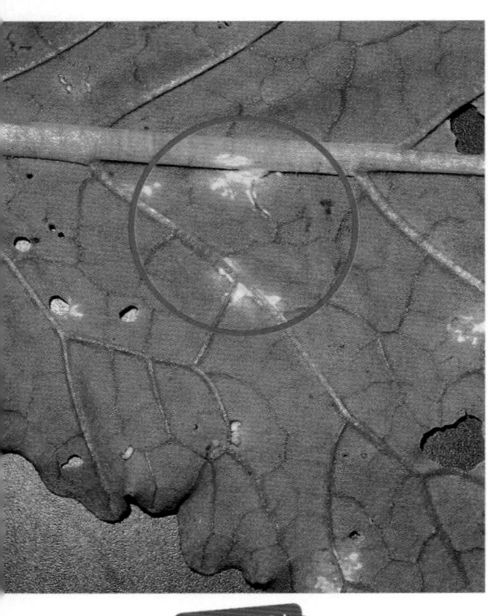

芜菁

白锈病

▶P31下

发生时期 4～6月、10～11月

叶片背面出现隆起的白色小斑点，斑点破裂后，从里面会散出白色粉状物。如果受害范围扩大，所有的叶片都会出现白色斑点。

防治方法

将落叶和病叶整理干净，保持植株周围环境的整洁。在持续下雨的日子尤其容易发病，所以要保持良好的排水环境，并且避免十字花科蔬菜连作。

药剂 播种时把甲霜灵混入土壤，并喷洒代森锰锌等药剂。

黄曲条跳蚤

▶P70下

发生时期 7～10月

黑底搭配黄色带状斑纹的成虫，体形虽然小，却会将叶片咬出许多小洞，而且孔洞随着叶片的生长会越来越大。幼虫则会啃食根部。

防治方法

十字花科蔬菜连续栽种时容易发生该虫害，所以尽量避免连续栽种。播种后，用防虫网罩住植株，防止成虫靠近。不论是成虫或幼虫，只要发现了一律捕杀。

药剂 播种时把二嗪农混入土壤。

芋头

根腐病

发生时期 6～10月

植物的外侧叶片会变黄、下垂。危害严重时，会造成落叶，芋头也长不大，采收量锐减。

防治方法

挑选健康无病的种芋，并注意植株底部有无积水问题，保持土壤的良好透气性。发病时要连同周围的土壤将病株挖出并妥善处理。

药剂 在日本没有特别有效的药剂。

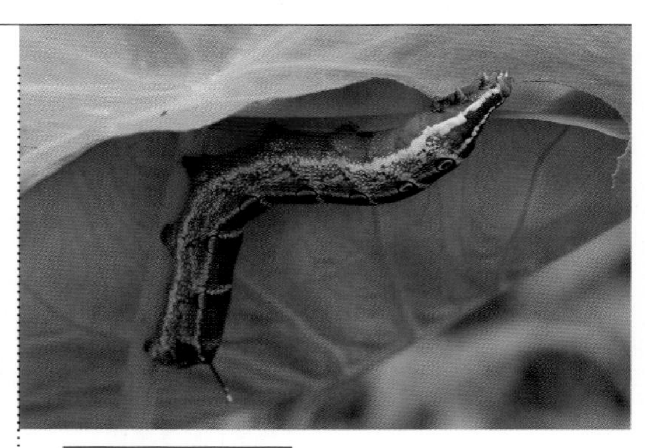

双线条纹天蛾

发生时期 6～10月

尾部有角状突起、体形粗圆的幼虫犹如毛虫。其食欲旺盛，如果没有及时发现，叶片可能会被啃得精光，对植物的发育也会造成不良影响。

防治方法

只要发现被啃食的迹象和大粒的粪便，立刻仔细搜索周边。一旦发现幼虫的踪影，立即捕杀。如果发现叶片上有卵，须连同叶片一起摘除。

药剂 在日本没有适合的药剂。

甘蓝

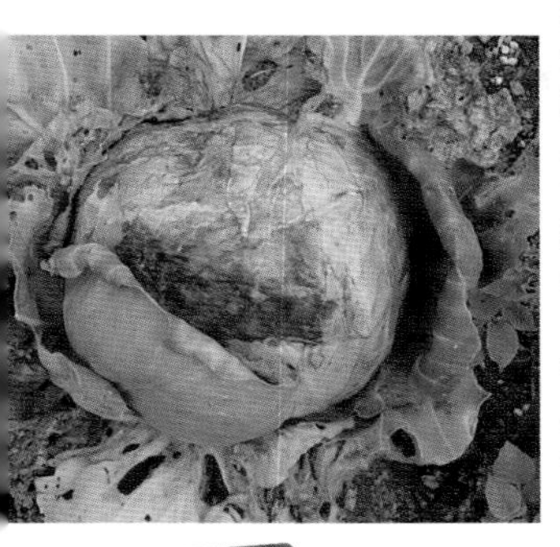

软腐病

▶P46

发生时期 6～8月

大多发生于开始结球的叶片。与土壤接触的叶片和结球头部，会变为暗褐色、软化腐烂，而且释放出独特的强烈臭味。

防治方法

发病时，须连同周围的土壤将病株挖出并妥善处理。伤口会成为感染源，所以注意不要弄伤叶片等，以免产生伤口。预防措施有2个方面，一是选择抗性较强的品种，二是避免密植。

药剂 一旦感染就无药可医。可以喷洒喹啉铜进行预防。

菌核病

▶P29下

发生时期 3～10月

主要症状是与土壤接触的植物基部的叶片和叶柄会像水浸般腐烂，最后扩大到结球部分。但不会像软腐病一样发出恶臭味。

防治方法

发病时，须连同周围的土壤将病株挖出并妥善处理。病原菌会从伤口入侵，所以注意不要弄伤叶片等，以免产生伤口。前一年曾产生病害的菜园，复发的概率较高，所以不可连续栽种。

药剂 一旦感染就无药可医。可以喷洒甲基硫菌灵等进行预防。

菜青虫(菜粉蝶)

▶P54下

发生时期 4～6月、9～11月

绿色的幼虫会啃食叶片。幼虫长大后，危害更大，甚至会把叶片啃成蕾丝状，只留下叶柄。

防治方法

看到幼虫或成虫，一律捕杀。除了罩上防虫网，也建议与莴苣混植，以避免成虫飞来产卵。成虫是以花蜜为食，所以不要在蔬菜附近种植草花。

药剂 在幼虫开始出现时，就喷洒氟虫双酰胺或二氯苯醚菊酯等。

夜盗虫类

▶P74

发生时期 4～6月、9～11月

刚从卵孵化的幼虫，会集体啃食叶片，但随着长大而各自分散后继续啃食叶片。叶片会被啃得一干二净，只留下叶脉。

防治方法

罩上防虫网以防止成虫飞来产卵。发现卵块或刚孵化的群生幼虫时，立刻连叶片摘除。也要寻找潜藏在土壤中或阴暗处的已长大的幼虫，并进行捕杀。

药剂 在幼虫开始出现时，喷洒二氯苯醚菊酯等，叶片背面也不要遗漏。

黄瓜

霜霉病

▶P40上

发生时期 5～10月

叶片表面会长出浅黄色的斑点，如果继续发展下去，连叶脉之间也会出现角形的黄色斑纹。叶片背面会长出黑紫色和白色霉菌，严重时叶片都会枯萎。

防治方法

选择抗性强的品种，并提高垄的高度，以保持良好的排水环境。定期修剪，避免茎叶长得过度茂密，不能影响通风、光照。病叶要立刻摘除。

药剂 在发病前喷洒碱性氢氧化铜或甲霜灵等。

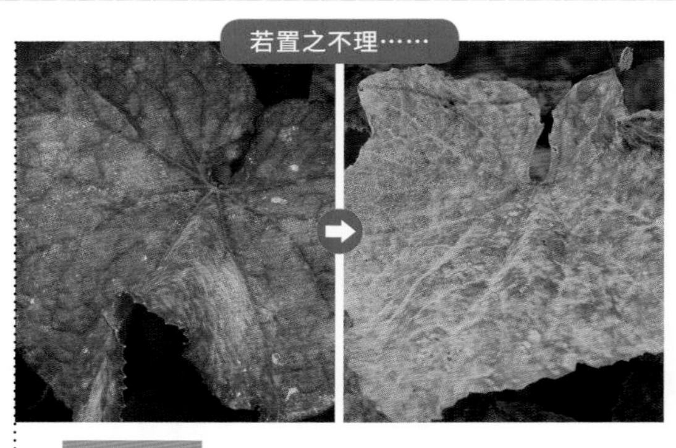

白粉病

▶P28

发生时期 5～10月

叶片上长出灰白色的霉菌，看起来像撒了面粉一样。如果继续发展下去，整片叶都会被霉菌覆盖，最后枯萎。周围如果还有其他病株存在，危害会蔓延且加重。

防治方法

多发生于茎叶过于茂密的环境。请勿施过多的氮肥，也不可密植，适时修剪茂密的茎叶，以保持通风。发病的叶片要摘除并妥善处理。

药剂 在发病初期喷洒己唑醇或百菌清等。

蔓枯病

▶P36下

发生时期 6～7月

下部叶片变黄，持续出现白天枯萎、晚上复原的状态，直到最后枯萎。茎会转为黄褐色，根部也会腐烂。

防治方法

连续栽种会加大受害的程度，必须避免；最好挑选以抗性强的南瓜为砧木进行嫁接的苗株。一旦发现病株，须立刻清除，并连同周边的土壤一起挖起并妥善处理。

药剂 在日本没有适合的药剂。

炭疽病

▶P36上

发生时期 6～7月

叶片上长出褐色的圆形病斑，病斑会逐渐穿孔，最后所有的叶片几乎都会枯萎，采收量大为减少。果实也会出现褐色的凹陷病斑。

防治方法

不可施过多的氮肥，并且适度修剪过密的茎叶，以保持通风良好。发病的叶片和落叶要立刻清除，浇水时要浇在植株底部。

药剂 在发病前对植株整体喷洒碱性氢氧化铜或百菌清等。

黄守瓜

▶P70下 发生时期 4～10月

成虫会啃食叶、花、果实，把叶片等啃得残破不堪。一旦根部被幼虫啃食后，地上部就会枯萎。周围如果有瓜科植物更会提高虫害的发生率。

防治方法

害虫会在植株底部的地面产卵，所以种下苗株后，记得给苗株罩上塑料育苗盖，兼具保暖与防虫效果。铺上银黑色塑料薄膜也可以防止成虫靠近。如果发现该虫的踪迹，立刻捕杀。

药剂 定植时把二嗪农混入土壤，喷洒马拉硫磷乳剂等可防治成虫。

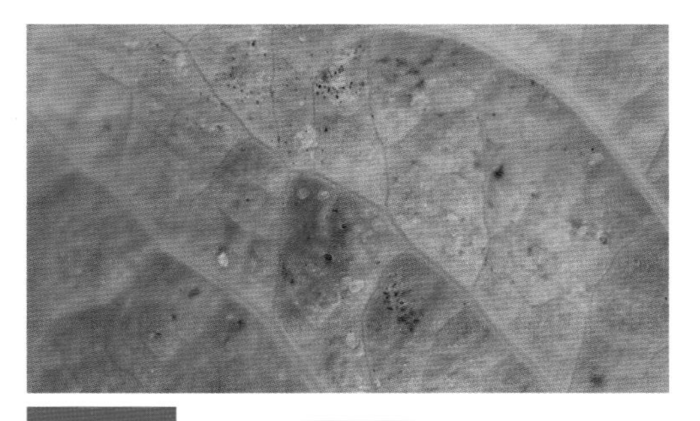

叶螨类

▶P68 发生时期 5～11月

寄生于植物的螨类，其幼虫和成虫都会聚集在叶片背面吸食汁液，造成叶片发白褪色，变得粗糙不堪，最后因光合作用受阻而枯萎。

防治方法

杂草是诱发螨类滋生的源头，务必清理干净。叶螨耐干旱却不耐水，所以气候较干燥时，必须经常在叶片背面洒水，可以减轻受害的程度。

药剂 仔细喷洒甲维盐（替代原文中的アーリーセーフ、サンクリスタル乳剂，中国无此产品），连叶片背面都不要遗漏。

粉虱类

▶P63下

发生时期 5～10月

幼虫和成虫都会聚集在叶片吸食汁液，造成叶片皱缩卷曲、发育不良。成虫有翅膀，摇晃叶片时就会像面粉似的撒落下来。

防治方法

只要温度条件符合，害虫就会不断复发。尤其杂草是害虫滋生的源头，必须清理干净。吊起黄色粘虫板可以达到捕捉的目的，或者铺上银黑色塑料薄膜，也可以防止害虫靠近。

药剂 定植时与害虫刚开始出现时，把吡虫啉混入土壤，或者喷洒噻虫嗪或呋虫胺（替代原文中的ベストガード水溶剂，中国无此产品）等适合的药剂。

瓜蚜

▶P56 发生时期 5～8月

深绿和浅绿色的蚜虫会寄生在叶片和新芽等处吸食汁液，妨碍植物生长。其排泄物会让植物变黏，也会诱发煤污病发生。

防治方法

多发生于氮素过多的土壤，所以不可施过多的氮肥。铺上银黑色塑料薄膜可以防止害虫靠近；保持良好的通风和光照，也是栽培的必要条件。

药剂 在虫害发生时，向叶片背面喷洒d-柠檬烯（替代原文中的アーリーセーフ、サンクリスタル乳剂，中国无此产品）。

小松菜

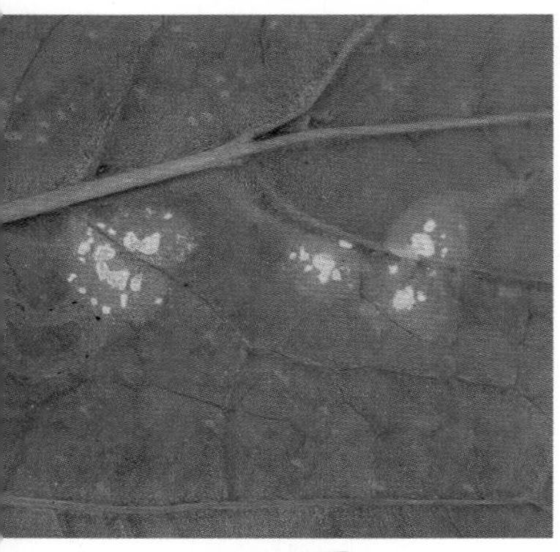

白锈病

▶P31下

发生时期 4～6月

多发生于十字科蔬菜的真菌性病害。叶片会出现白色斑点，斑点隆起破裂后，会从里面散出白色粉状的孢子。

防治方法

发病的叶片会成为侵染源，只要一发现就立刻摘除。十字花科蔬菜要避免连续栽种；在易发时期，栽种抗性强的品种。

药剂 播种时把甲霜灵混入土壤内，或于发病初期喷洒已唑醇。

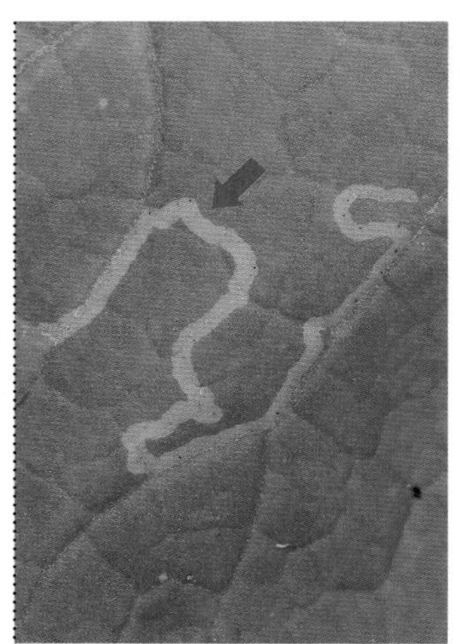

潜叶蝇类

▶P71下

发生时期 3～11月

潜藏在叶肉中的微小幼虫，会把叶肉啃食成隧道状，留下白色的丝状痕迹，因此别名“地图虫”。沿着白色的线痕，可以在前端发现害虫的踪影。

防治方法

罩上防虫网，防止成虫靠近。如果在线痕前端找到其幼虫和蛹，立即用手捏碎。受害程度严重的病叶，建议整片摘除。

药剂 在虫害发生初期，对植株整体喷洒卡死克或甲维盐等。

菜叶蜂

▶P69

发生时期

5～6月、10～11月

黑色幼虫会啃食叶片，被触碰时，其身体会缩成一团而掉到地面上。害虫偏好危害软弱无力的植株，如果滋生的数量太多，叶片会被啃得破烂不堪，植物的生长发育也受到阻碍。

防治方法

尽量避免栽种过密，注意通风和光照。如果在叶面上发现幼虫，就立即捕杀；事先罩好防虫网，可预防成虫飞来。

药剂 在日本没有适合的药剂。

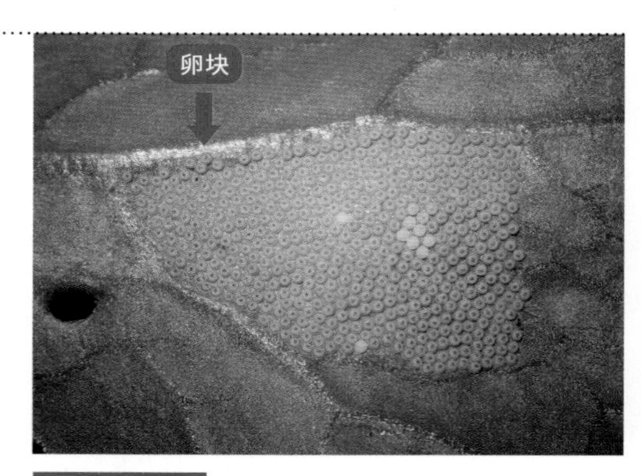

夜盗虫类

▶P74 **发生时期** 5～6月、9～11月

从卵块孵化出的幼虫会集体啃食叶片，即使分开行动之后，仍继续啃食。食量随着长大而增加，造成的损害也更大。

防治方法

铺设防虫网，防止成虫靠近。如果在卵块和叶片背面找到群聚的幼虫，必须连叶片一起摘除。只要有啃食的痕迹和粪便，就立刻在植株底部和土壤中搜寻幼虫，一旦发现就捕灭。

药剂 在虫害发生初期，喷洒多杀菌素等药剂（该药剂对蜜蜂有毒性，使用时请注意）。

紫苏

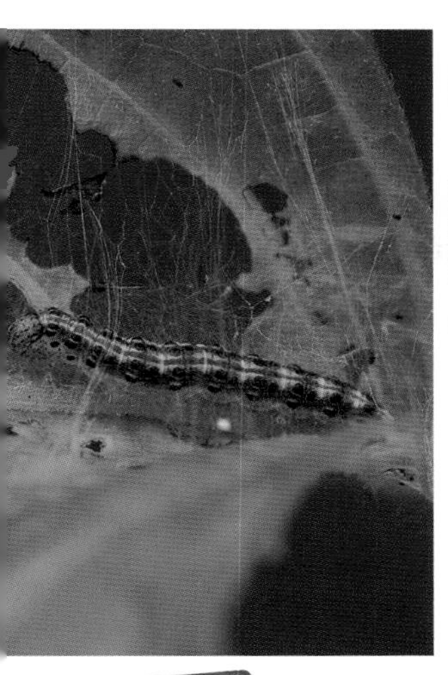

紫苏野螟

▶ P73 下

发生时期 4～10月

幼虫的体色是黄绿色，夹杂着灰绿相间或红绿相间的线条。它们会吐丝，黏合叶片和枝条做巢，躲在其中。被黏合的叶片会被啃食，并且变为茶褐色。

防治方法

养成随时观察的习惯，确认有无叶片被黏合起来，只要发现害虫的踪影，就立刻捕杀。幼虫的移动速度很快，最好连叶片摘除，以免其逃脱。

药剂 在日本没有适合的药剂。

负蝗

发生时期 6～10月

成虫和幼虫都会啃食叶片。幼虫在 8 月左右会长为成虫，食量也随着增加，所以到了此时期危害程度会大幅增加。

防治方法

越冬的卵到了春天时孵化成幼虫，8～9 月，害虫活动变得频繁。须及时除掉周围的杂草，以免让它们有栖身之所。不论发现成虫或幼虫都需立刻捕杀。

药剂 在日本没有适合的药剂。

小油菜

斜纹夜蛾

▶ P74

发生时期 6月～11月中旬

孵化出的幼虫会集体啃食菜叶，但随着长大而逐渐分散活动。它们通常在白天时潜入叶荫处和土壤中，到了晚上才出来啃食。8 月以后出现的频率大增。

防治方法

幼虫分散行动后，变得不易被发现，而且产生的危害更大，所以最好趁它们尚属卵块形态时或孵化后不久，一网打尽。铺设防虫网，可防止成虫靠近。

药剂 趁幼虫还小时，喷洒 BT 菌等。

蚜虫类

▶ P56

发生时期 3～11月

群聚的小虫会吸食新芽、叶、茎的汁液，如果数量太多则会妨碍植物生长。另外，蚜虫也会成为病毒病的传播媒介，所以尽早消灭是防治关键。

防治方法

避免密植，以保持良好的通风。蚜虫讨厌发亮的东西，所以铺上银黑色塑料薄膜或防虫网，都可以防止害虫靠近。另外不可添加过量的氮肥。

药剂 在害虫群聚前，把吡虫啉混入土壤中，或喷洒呋虫胺。

马铃薯

疮痂病

发生时期

5～7月、10～12月

由细菌引起的病害，地上部虽然看起来毫无异常，但马铃薯的表面却出现中心凹陷、暗褐色的大块痂状病斑。

防治方法

多发生于偏碱性的土壤，所以除非必要的情况下，不要施撒石灰。避免连续栽种，并使用腐熟的堆肥，保持良好的排水环境。选择抗性强的品种栽培。

药剂　种植时，把磺菌胺等混入土壤中。

软腐病

▶P46　发生时期　6～8月

茎叶有如水浸般转为深绿色或暗褐色，最后腐烂。因为病原菌会从地表部位入侵，连正在累积养分的马铃薯内部也会腐烂并发出恶臭味。

防治方法

接近采收期或是雨量较多时容易发病。建议在种植时提高垄的高度，或是盖上银黑色塑料薄膜进行预防。采收时尽量挑选天气好的日子，并将马铃薯晾晒后再储存。不可施过多的氮肥。

药剂　在发病初期向茎叶喷洒络氨铜水剂（替代原文中的スクレタン悬浮剂，中国无此产品）、琥胶肥酸铜（替代原文中的バイオキーパー悬浮剂，中国无此产品）。

马铃薯瓢虫

▶P66上　发生时期　6～10月

成虫和幼虫都会从叶片背面啃食，把叶片啃成网状，只留下表皮。被啃食的叶片会变为褐色，严重时就会阻碍植物生长，马铃薯也无法长大。

防治方法

不要在马铃薯附近栽培茄科植物。采收后将残株和落叶清理干净，以免成为害虫的栖身之所。只要看到其成虫或幼虫，一律捕杀。

药剂　可喷洒二氯苯醚菊酯或杀螟硫磷等。

【长得和瓢虫几乎一模一样，却是害虫?】

马铃薯瓢虫

茄二十八星瓢虫

马铃薯瓢虫和茄二十八星瓢虫统称为“二十八星瓢虫”，皆为马铃薯等茄科蔬菜的重要害虫。马铃薯瓢虫的成虫，体长约为 7 毫米；茄二十八星瓢虫的体形较小，约为 6 毫米。两者的外形皆为红褐色底搭配黑色纹路，看起来非常相似，而且两者的幼虫背部都有长刺，外形也相似。

西瓜

蔓枯病

发生时期 6～7月

接近地表的茎像水浸般变为褐色，再变成灰白色，然后裂开、整株枯萎。特征是枯萎的叶片和茎上的病斑会出现黑色小颗粒。

防治方法

梅雨季后的高湿度环境和光照、通风不佳时，特别容易发病。藤蔓变长后，在地上铺些稻草，可以防止地面的温度上升。病株要及时剪除。

药剂 可喷洒百菌清或苯菌灵等。

立枯病

▶P35

发生时期 5～6月

多发生于梅雨季节，苗株接近地面的部分会变为褐色、腐烂，变细后倒伏，即使腐败了也不会发出恶臭味。病原菌来自土壤。

防治方法

播种和育苗时要使用无菌土，而且注意不要被雨水淋湿，以免变得潮湿。

药剂 播种前先用克菌丹拌种作为预防。

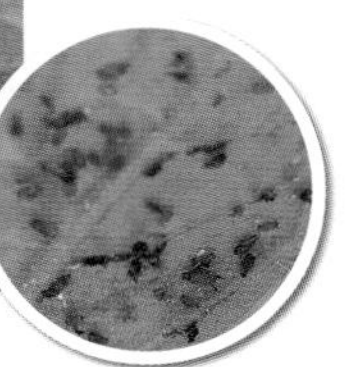

瓜蚜

▶P56

发生时期 4～9月

蚜虫会寄生在芽、叶、茎、花蕾、花等部位吸食汁液，除了妨碍植物生长发育，其排泄物也会诱发煤污病，甚至成为病毒性病害的传播媒介。

防治方法

氮素过多会提高虫害的发生率，所以不可施过多的氮肥。软弱无力的植株容易遭受虫害，保持通风良好与光照充足的栽培环境非常重要。

药剂 定植时，把呋虫胺混入土壤内，或者在虫害发生初期喷洒吡虫啉等。

二点叶螨

▶P68

发生时期 4～8月

没有翅膀、体形微小的虫子会群聚在叶片背面吸食汁液，从正面看起来就像长满了无数的小白斑。如果它们滋生的数量很多，会在叶片上结网。

防治方法

高温干燥的环境会诱发害虫滋生，所以在藤蔓变长后，可以在地面铺上稻草以防止地面温度上升，并且时常在叶片背面洒水。虫害刚开始发生时，立刻清除受损的叶片。

药剂 可喷洒甲维盐（替代原文中的アーリーセーフ、サンクリスタル乳剂，中国无此产品），连叶片背面也不能遗漏。

蚕豆

嵌纹病（花叶病）

▶P49

发生时期 4～11月

叶片出现黄绿交错的马赛克状斑纹，整株发育不良。该病主要的传播媒介是蚜虫，所以蚜虫变多的时候容易发病。

防治方法

重点是防止蚜虫入侵，通过铺上银黑色塑料薄膜或防寒纱等方式，可以防止害虫靠近。病株要立刻拔除。

药剂 在日本没有适合的药剂。

蚕豆长须蚜虫

▶P56

发生时期 4～6月

害虫会群聚在新芽、茎叶、豆荚吸食汁液，导致植物变得虚弱；受害植物也容易感染病毒。如果害虫的数量过多，植株甚至会枯萎。

防治方法

施加过多的氮肥会使植物变得软弱，也容易被害虫寄生，所以施肥时一定要注意。如果发现群聚的幼虫或成虫，就立刻捕杀，以防危害扩大。

药剂 种植时把吡虫啉混入土壤内；发生虫害时喷洒苦参碱（替代原文中的アーリーセーフ，中国无此产品）。

洋葱

基腐病

▶P30

发生时期 4～5月

首先外侧的叶片开始发黄枯萎，不久内侧的叶片也会枯萎。如果切开球根，会发现与根部相连的底部和外侧的鳞片部分也已变为褐色、腐烂。

防治方法

最重要的是不要选择病株栽培，也要避免连续栽种。周围若有病株存在，发病率会大幅提高，所以拔除病株时，必须连同周围的土壤挖起并妥善处理。

药剂 苗株根部先用苯菌灵等药剂浸泡后再种植。

芜菁夜蛾

▶P67上

发生时期 4～6月、9～12月

该虫为地老虎的代表性害虫，栖息在土壤中的幼虫会啃食植物基部，导致刚种下不久的苗株出现倒伏。白天时害虫潜藏在土壤中，等到夜间才出来活动。

防治方法

杂草多的田地，受害程度特别严重。除了将杂草拔除干净外，可以另外准备塑料瓶等容器，将它制作成圆筒形的保护罩，套住植株底部，可以降低受害的程度。一旦发现土壤里的幼虫就立刻捕杀。

药剂 在害虫刚出现时施用二氯苯醚菊酯。

白萝卜

嵌纹病（花叶病）

▶P49

发生时期 3～10月

叶片出现浓淡不一的马赛克状纹路，只有叶脉呈浅绿色。该病是以蚜虫为传播媒介的病害，不但造成叶片畸形、植株整体萎缩，根部也无法增粗生长。

防治方法

重点是防治春天和秋天易发生的蚜虫。可以覆盖防寒纱或银黑色塑料薄膜，防止蚜虫靠近。病株要及时拔除并妥善处理。

药剂 在日本没有适合的药剂。

根肿病

▶P38

发生时期 5～11月

十字花科蔬菜的根部会长出大小不一的瘤块。瘤内有病原菌寄生，不但导致叶色变差，发育也会衰退。

防治方法

只要曾经发病就很容易复发，所以除了避免连续栽种，也要选择抗病品种栽培。酸性土质会导致排水不佳，还会提高发病率，所以为了改善排水，要调整土壤酸碱度，还要提高垄的高度。

药剂 在播种之前，把磺菌胺或枯草芽孢杆菌混入土壤。

菜叶蜂

▶P69

发生时期

4～6月、8～11月

受害对象是十字花科植物的叶片。危害者是外表呈现光泽的黑色幼虫，如果数量太多，叶片会被啃光，只剩下叶脉。

防治方法

害虫偏好软弱无力的柔软叶片，所以不可密植，也必须保持良好的通风与光照环境。播种后架设防虫网，避免成虫飞来产卵。一旦看到幼虫就捕杀。

药剂 在幼虫出现时喷洒马拉硫磷乳剂等。

菜螟

▶P73下

发生时期 6～11月

又称为“萝卜螟”。幼虫会吐丝、以新叶筑巢，并且留在里面栖息、啃食。如果植物在生长初期遭受虫害，其生长点会受害，难以发育，根部也无法变粗。

防治方法

菜螟会啃食心叶，对幼苗危害很大。播种后把防虫网铺成隧道状，可防止害虫靠近。如果发现栖息在叶片的害虫，要立刻捕杀。

药剂 在虫害发生时喷洒氟虫双酰胺等。

玉米

黑穗病

发生时期 5～8月

雌蕊的子房被白膜覆盖，长出菌团，等到菌团破裂，从里面会散出黑粉状的病原菌。

防治方法

多发生于雨水多的时节。发病时要彻底清除病穗。如果发病的频率很高，则应改种抗病品种。

药剂　在日本没有适合的药剂。

嵌纹病（花叶病）

▶P49

发生时期 4～8月

该病的主要传播媒介是蚜虫。沿着新叶的叶脉，会呈现浓淡不均、有如马赛克般的黄绿色纹路。植物的生长发育情况也变差。

防治方法

嫩株发病时，受害情况会更严重。最好是在定植后，立刻把防虫网铺成隧道状，防止蚜虫靠近。病株要趁早清理干净。

药剂　无法用药防治。应在蚜虫出没期间，喷洒高效氯氟氰菊酯等。

玉米螟

▶P73下

发生时期 5～7月

其啃食部位包括茎、雄花、子房等，如果置之不理会严重影响产量。幼虫出没的洞穴周围，会出现有如木屑状的粪块。

防治方法

害虫会从雄花移到雌花，把子房吃得一干二净。为了避免子房遭受啃食，应等到玉米须转为浅茶色时切除雄花，连同柄部一起剪除。一旦发现幼虫就捕杀。

药剂　等到雄花长出时，在雄花上喷洒BT菌或甲维盐等。

▲使用粘虫板捕杀害虫。

蚜虫类

▶P56

发生时期 4～6月

此类蚜虫专以禾本科植物为食，多发生于春天到梅雨季。其成虫和幼虫会附着在叶或穗等处吸食汁液，不但妨碍植物生长，也会诱发煤污病。

防治方法

蚜虫讨厌发光物，所以铺设银黑色塑料薄膜可防止害虫靠近。一旦发现就立刻捕杀。若是使用粘虫板，则可以将群聚的害虫一网打尽。

药剂　在虫害发生时可喷洒吡虫啉或二氯苯醚菊酯等。

红萝卜

软腐病

▶P46

发生时期 6～10月

该病是由细菌引起的病害，病原菌会从伤口入侵。根部前端和接触地面的茎部会出现水浸般的褐色病斑，不久之后软化腐败，释放出恶臭味。

防治方法

过多的氮肥会导致植株软弱，若再加上排水不良，最容易诱发该病害。除了控制施肥量、提高垄的高度以改善排水之外，也要避免密植。发现病株就立刻拔除并处理。

药剂 一旦发病就难以医治。可在发病前喷洒络氨铜进行预防，或是在发病初期施用春雷霉素。

黄凤蝶

▶P55上

发生时期 8～10月

幼虫以红萝卜、西芹和鸭儿芹等伞形花科植物的叶片为食，虽然数量不是很多，但是害虫的食量会随着长大而增加。

防治方法

如果看到蝴蝶飞来，记得确认有无在叶片上产卵。一旦发现卵或幼虫，一律捕杀。趁幼虫还小时将其消灭，就能降低危害的程度。

药剂 可喷洒马拉硫磷等。

根结线虫

▶P65上

发生时期 8～10月

外形为体长 1 毫米以下的细条状，栖息于土壤中，会从植物的根部入侵，在根部产生大小不一的瘤，导致叶片黄化，并从下部叶片开始枯萎，植物的发育情况变差。

防治方法

避免连续栽种。利用猪屎豆属植物所释放的物质，达到消灭线虫的效果。病株要连根拔除并处理。

药剂 播种前，把噻唑磷混入土壤内。

【线虫类的克星植物是什么?】

▲可抑制根结线虫繁殖的猪屎豆。

菊科万寿菊的根部会分泌出特殊的物质，能够有效消灭线虫，是很知名的害虫克星。豆科植物猪屎豆，也能够分泌出消灭根结线虫的物质。建议在开花后，翻土时把猪屎豆混入土壤，大约 1 个月后再种植红萝卜，就能降低根结线虫的发生率。

番茄、樱桃番茄

白粉病

▶P28

发生时期 4～11月

叶片表面被白色霉菌覆盖，像是撒了面粉一样。因为植物无法顺利进行光合作用，进而影响果实的发育。盛夏的炎热天气，会抑制病害的发生。

防治方法

低温、光照不佳都会提高发病率，所以除了保持良好的通风与光照，植株之间也必须保持适当的间距，不要施过多的氮肥。如果发现病叶，立刻摘除。

药剂 在发病初期喷洒腈菌唑，也可用苯菌灵或三唑酮（替代原文中的サンヨール液剂，中国无此产品）。

嵌纹病（花叶病）

▶P49 **发生时期** 5～7月

叶片出现绿色和浅黄色交杂的马赛克状纹路，为弯弯曲曲的细丝状。若果实受害，内部会出现褐色和白色的线条。

防治方法

定植后，在苗株上套塑料育苗盖，兼具保温和防虫效果。病株要及早处理，接触过病株的用具未经消毒不能在其他植物上使用。

药剂 该病无法用药防治。蚜虫出现时，可喷洒噻虫嗪等药剂。

茎部症状

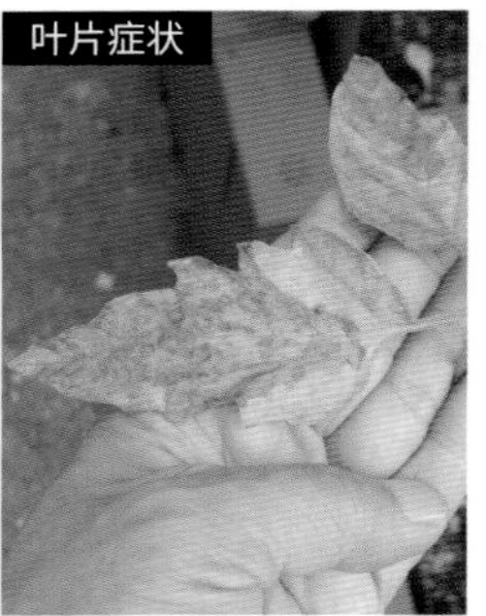

叶片症状

疫病

▶P27 **发生时期** 6～7月

多发生于梅雨季，发病部位包括叶、茎、果实等，容易造成严重损失。发病时会长出有如水浸般的大块病斑，之后被白霜似的霉菌覆盖。

防治方法

病原菌会随着飞溅的泥水侵染植物。通过铺塑料薄膜，或者加强排水，可避免泥水喷溅。已发病的茎叶和果实要立刻清除。

药剂 在发病初期向整株喷洒百菌清、代森锰锌或碱性氢氧化铜等。

枯萎病

▶P26

发生时期 7～9月

该病是由真菌引起的病害，从根部入侵的病原菌会逐渐侵染到茎部，导致植物发病。起初的症状是茎部前端枯萎，叶片从下而上逐渐发黄，最后整株都会枯萎。

防治方法

避免连续栽种；根部如果受损，便容易发病，所以进行浅耕等作业时，必须小心谨慎。如果发现病株，立刻连同周围的土壤一并挖出并妥善处理。

药剂 种子先用苯菌灵拌种后再播种。

番茄夜蛾

▶P58 发生时期 6～8月

幼虫会在果实上钻洞，潜入内部啃食果肉。成虫是在初夏羽化，在夜间飞来产卵，所以大约从7月开始，危害程度会变得严重。

防治方法

发现被啃食的痕迹和粪便，就应立刻寻找有无幼虫的踪影，找到后就捕杀。如果果实出现小洞，表示内部有幼虫潜入；大洞则是大虫钻出的痕迹。

药剂 在幼虫出现时，对花和叶片喷洒甲维盐或卡死克等。

粉虱类

▶P63下 发生时期 5～10月

主要发生在叶片背面。植物的生长会因成虫和幼虫吸食汁液而受阻，情况严重时还会诱发煤污病。摇晃植株时，幼虫就会飞起来，有如面粉飞扬。

防治方法

选购没有粉虱类寄生的苗株栽种。利用粉虱的趋黄性，可设立黄色粘虫板捕捉。采收后须将植株整理干净，让害虫没有越冬的场地。

药剂 在虫害发生初期，向叶片表面和背面喷洒噻嗪酮（替代原文中的アーリーセーフ、サンクリスタル乳剂，中国无此产品）。

【糟了！番茄的脐部腐烂怎么办？】

脐腐病是番茄的生理性病害之一。这是一种发育时引起的异变，并非由病原菌或害虫造成，所以没有传染的危险。脐腐病的症状是有花的果实底部变色，最后发黑腐烂。乍看之下很像真菌性病害，但即使果实腐烂，也不会成为侵染源。脐部腐烂的原因是土壤中的钙不足和根部发育不良。定植前，必须先撒施含有钙素的苦土石灰。另外，过度干燥也会诱发脐腐病，所以适度浇水与施肥，让根部保持健康生长很重要。

◀定植前先撒施含有钙素的苦土石灰，可以达到预防的效果。

脐腐症

▶果实的脐部变色发黑。

茄子

黄萎病

▶P26

发生时期 4～7月

主要的受害部位是叶片。刚开始是叶片的一半或植株某一侧的叶片发黄，严重时，整株都会枯萎。根部转为褐色、腐烂。

防治方法

选择砧木抗性强的嫁接苗栽种，并且在进行浅耕等作业时，小心不要伤害根部。如果发现病株，立刻连同周围的土壤一并挖出并妥善处理。

药剂 在日本没有适合的药剂。

白粉病

▶P28

发生时期 6～10月

主要的受害部位是叶片，严重时会枯萎。叶片表面长出白色霉菌，有如撒了面粉一样，植物光合作用因此受到阻碍而无法进行，所以果实也会发育不良。

防治方法

摘除过密的茎叶，保持良好的光照与通风；不要施过多的氮肥。发现病茎、病叶，立刻摘除并妥善处理。

药剂 在发病初期仔细喷洒腈菌唑（替代原文中的アフェットフロアブル，中国无此产品），连叶片背面也不可遗漏。

青枯病

▶P42

发生时期 6～8月

原本富有活力的植株，会从上部叶片开始枯萎，但仍保持绿色。在阴天或晚上时，叶片会恢复生气，该情形反复一段时间后，最后还是枯萎。根部转为褐色、腐烂。

防治方法

避免连续栽种；选择砧木抗性强的嫁接苗栽种。改善排水，并在地面铺稻草或塑料薄膜等，避免地面温度升高。病株必须立刻连同周围的土壤一并挖出并妥善处理。

药剂 在日本没有适合的药剂。

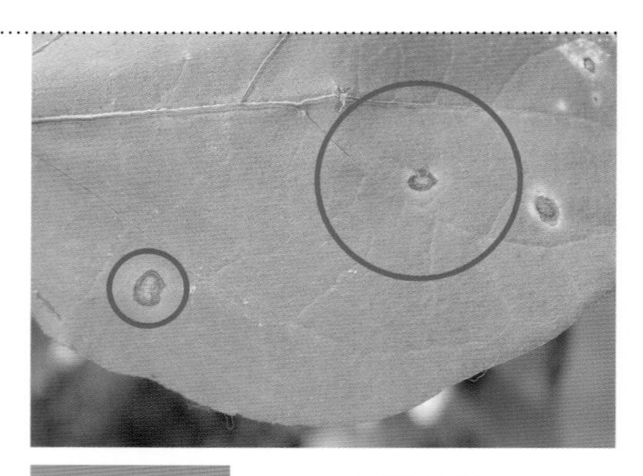

褐色圆斑病

▶P40下

发生时期 8～9月

叶片出现数厘米大小的褐色圆形或椭圆形病斑，病斑中心部位最后会裂开。严重时，植株可能枯萎。

防治方法

进行适度的修剪，避免茎叶长得过于茂密。保持良好的通风，以利于植物生长，同时也要注意合理施肥。发病的叶片和茎必须立刻清除，长出病斑的苗株也要拔除并妥善处理。

药剂 在日本没有适合的药剂。

茶细螨

▶P72

发生时期 4～10月

螨虫的一种，不论是成虫或幼虫都会吸食汁液，是茄子的主要害虫。除了导致新叶变得畸形、生长点受损外，果实也会变为褐色，表皮变硬，显得粗糙不堪。

防治方法

多发生于高温高湿的夏天，最好在梅雨季来临之前在垄上铺稻草，以利于降温。不要在附近栽培山茶花等容易成为茶细螨寄生的植物。被害的部分要尽早剪除。

药剂 在虫害开始发生的梅雨季节，对植株整体喷洒甲维盐（替代原文中的サンクリスタル乳剂，中国无此产品）等。

茄二十八星瓢虫

▶P66上

发生时期 5～10月

属于瓢甲科，全身长有细毛，赤褐色的身体散布着很多黑点。其成虫和幼虫从叶片背面啃食，果实被啃食后变形。

防治方法

幼虫以马铃薯为食，所以不要在马铃薯附近栽培茄子。不论成虫或幼虫，只要发现就捕杀。采收后的植株也要尽早清除。

药剂 在虫害发生初期，用二氯苯醚菊酯或杀螟硫磷等对叶片背面进行重点喷洒。

【为什么茄子变得那么硬，都没办法吃?】

“僵果”是茄子的一种生理障碍，如同字面意思，茄子很硬，宛如石头一样。其主要症状就是果实无法长大，表面没有光泽，而且硬得像石头。开花时，如果遇到低温等情况，花器发育受阻而导致无法授粉，僵果的发生率就会提高。
为了避免出现这样的生理障碍，可在开花时喷洒坐果灵，补充生长素。但当气温降至适合温度以下时，即使补充了生长素，有时也难以避免僵果的发生。最好的处理方式是等到气温回升到足够的程度时再定植。

◀喷洒坐果灵以补充生长素。

▶果实停止发育，变硬而无法食用。

葱、叶葱

锈病

▶P31上

发生时期

6～7月、10月

多发生于夏天低温多雨时。叶片会出现稍微隆起的细长形橙色斑点，斑点破裂后，会散出橘黄色的粉状孢子。

防治方法

只要病株还在，就容易使病害蔓延，所以要立刻清除发病的枯叶。若因肥料不足而导致植株虚弱，也会提高发病率，所以合理施肥很重要。

药剂 在发病初期，在代森锰锌或碳酸钾中加展着剂后再喷洒。

葱菜蛾

发生时期 5～11月

只会危害葱、洋葱、韭菜类植物的蛾类。幼虫会潜入叶肉中啃食，最后只剩下表皮，并留下线状的啃食痕迹。如果虫害严重，整片叶都会发白。

防治方法

罩上防虫网防止成虫靠近。将有白色线的叶片连同害虫一并清除。幼虫长大后会出现在叶片表面，看到时应连同蛹一起捕杀。

药剂 在虫害发生初期，以叶片为主向整株喷洒二氯苯醚菊酯或杀螟硫磷。

葱蚜

▶P56 **发生时期** 4～11月

成虫和幼虫会群聚在叶片吸食汁液，不但阻碍植物生长，还会成为枯萎病的传播媒介。多发生于暖冬或高温又少雨的时候。

防治方法

氮肥过多时会提高虫害的发生率，因此施肥量必须控制得当。可以利用蚜虫厌光的特质，铺银黑色塑料薄膜以防止害虫靠近。另外，也可以用水管把害虫冲走。

药剂 在虫害发生时，对准害虫喷洒除虫菊素或苦参碱（替代原文中的エコピタ液剂和アーリーセーフ乳剂，中国无此产品）。

斜纹夜蛾

▶P74 **发生时期** 7～11月

幼虫会群聚在一起啃食叶片表面。幼虫长大后，会将筒状的叶片咬穿孔，在里面啃食；食量也会随着幼虫长大而增加，叶片变得破烂不堪。

防治方法

趁幼虫体形小、尚处于团体行动时防治最有效。如果发现叶片穿孔，有被啃食过的痕迹时，连同叶片将里面的幼虫一起处理。

药剂 害虫一旦潜入叶片中，药剂就无法发挥作用，只能在幼虫出现时，喷洒除虫脲（替代原文中的ノーモルト乳剂，中国无此产品）。

白菜

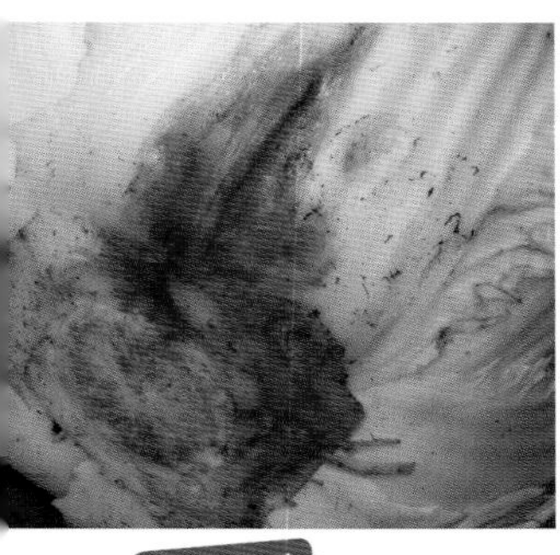

软腐病

▶P46

发生时期 10月～第二年1月

大多是在结球期发病。与地面接触的叶柄等部分会出现水浸般的斑点，接着逐渐软化成浅褐色，并发出腐烂的恶臭味。

防治方法

选择抗性强的品种，并且避免连续栽种。为了预防病原菌从伤口侵染，别让植株受损也很重要。必须将病株连同周围的土壤清理干净，曾经发病的土壤不要再用于栽培。

药剂 一旦发病就难以防治，可以在发病之前喷洒噻菌酮或新植霉素（替代原文中的バイオキーパー悬浮剂，中国无此产品）等进行预防。

菜青虫（菜粉蝶）

▶P54下

发生时期 4～6月、9～11月

虫害在秋季也会发生，但还是以 4 ～ 6 月的危害最严重。幼虫会啃食叶片，叶片可能被啃得只剩叶脉而无法采收。

防治方法

除了罩上防虫网，也可以和生菜混植，达到使害虫忌避的效果。其成虫以花蜜为食，所以周围不可种植会开花的植物。发现卵和幼虫都要捕杀。

药剂 在虫害发生时，用 BT 菌等喷洒植株整体。

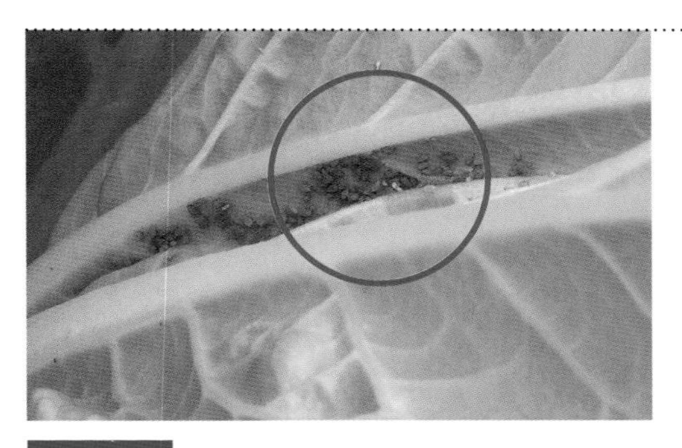

蚜虫类

▶P56

发生时期 4～11月

红色、绿色、黄色等各种色彩的蚜虫，紧紧依附在叶片背面吸食汁液。其排泄物把叶片弄得黏腻不堪，还会诱发煤污病，妨碍植物生长。

防治方法

多发生于氮素过高的土壤，所以氮肥的施加要控制得当。可以利用蚜虫厌光的特性，铺设银黑色塑料薄膜以防止其靠近。

药剂 喷洒除虫菊素或苦参碱（替代原文中的アーリーセーフ、サンクリスタル乳剂，中国无此产品）或噻虫嗪等。

甘蓝金花虫

▶P70下

发生时期 4～11月

微小的黑色成虫和幼虫，会将叶片啃出孔洞。如果滋生的数量很多，叶片会被啃得孔洞连连。害虫一被触碰便会掉落地面。

防治方法

播种和定植后，罩上隧道式防虫网，防止成虫靠近。平时养成检查叶片的习惯，只要看到成虫和幼虫就立刻捕杀。

药剂 在日本没有适合的药剂。

青椒、辣椒

嵌纹病（花叶病）

▶P49

发生时期 5～11月

叶片出现绿色浓淡不一的马赛克状纹路，生长发育不良，会变细、变形，果实也会变得凹凸不平。

防治方法

该病的传播媒介是蚜虫，必须利用银黑色塑料薄膜或防虫网，以防害虫靠近。病株要立刻清除，并将接触过病株的剪刀等用具进行消毒，避免造成感染。

药剂 在日本没有药剂可治疗发病的植株。蚜虫出现时可喷洒除虫菊素（替代原文中的アーリーセーフ，中国无此产品）。

番茄夜蛾、烟草夜蛾

▶P58

发生时期 6～10月

该虫主要的危害对象是茄科植物。幼虫会侵入果实啃食内部，并啃出许多小洞，从外表很难发现。

防治方法

罩上防虫网，以防成虫靠近。只要发现粪便和啃食的痕迹，便要仔细检查周边环境，一旦找到幼虫就捕杀，并且摘除有穿孔的果实。

药剂 药剂无法对潜入果实内的幼虫产生作用，只能在虫害发生初期喷洒甲维盐等。

瘤缘蝽

▶P61上

发生时期 5～11月

成虫和幼虫会群聚在茎部吸食汁液。因为危害并不明显，大多难以察觉，如果害虫的数量太多，可能会影响植物的生长发育。

防治方法

罩上防虫网，以防成虫靠近。在平常养成观察植物的习惯，只要看到害虫就消灭。如果在叶片背面发现黄褐色的卵块，必须连同叶片一并摘除。

药剂 在日本没有适合的药剂。

消灭成虫的妙招

▶成虫会散发出特有的臭味，为了解决这个问题，可以用水桶等容器装适量水，再滴入几滴厨房用的清洁剂，利用其动作较为迟缓的清晨时段，摇晃植株让害虫纷纷掉入水桶中。

西蓝花、花椰菜

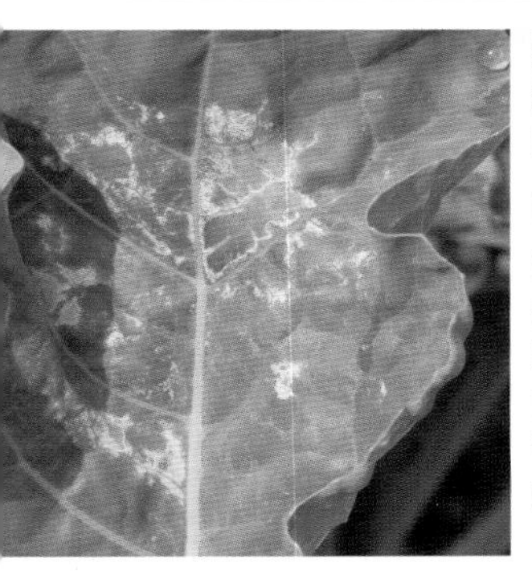

霜霉病

▶P40上

发生时期 5～10月

叶片表面出现不规则的浅黄色小斑点，而且病斑的背面还长有霜状霉菌。如果发病部位为花蕾，其基部会变黑，表面也会长出霉菌。

防治方法

多发生于多雨的高湿环境，所以必须提高垄的高度，以改善排水环境。除了铺上塑料薄膜，也要避免密植，以保持良好的通风。病株必须立刻处理。

药剂 在发病初期喷洒百菌清或甲霜灵等。

伪菜蚜

▶P56

发生时期 3～11月

被白色粉状物薄薄覆盖的深绿色虫子，会依附在叶片背面和新芽上，如果数量很多，看起来就像被撒了一层面粉。群聚性的害虫不但会吸食汁液、危害植物，也会成为嵌纹病的传播媒介。

防治方法

植株间宜保持充足的间距，能在通风良好的环境下生长。可以利用蚜虫厌光的特质，铺设银黑色塑料薄膜，以防止害虫靠近。

药剂 定植时撒入吡虫啉，或是在蚜虫出现时喷洒噻虫嗪。

菜青虫（菜粉蝶）

▶P54下

发生时期 4～6月、9～11月

幼虫是菜青虫，以叶片为食。幼小时吸附在叶片背面，随着长大会从表面啃食。如果滋生数量过多，叶片会被啃得只剩下叶脉。

防治方法

发现卵和幼虫时就立刻消灭。成虫以花蜜为食，所以周围千万不可种植草花，另外也要罩上防虫网。

药剂 幼虫滋生时，对植株整体喷洒BT菌等。

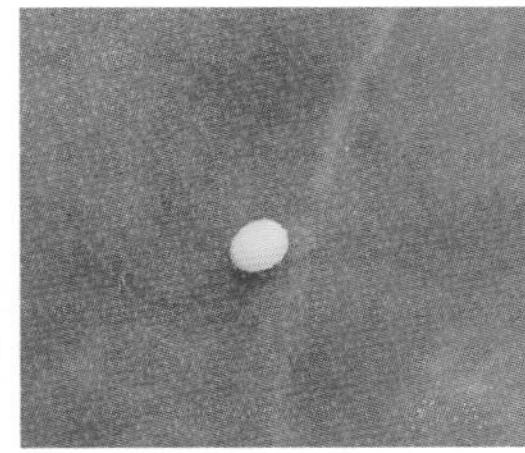

关键是不要让其产卵

◀菜粉蝶会在叶片背面产下一个个黄色的纺锤形卵，3~5天会完成孵化，幼虫大约经过10天会化蛹。

◀为了防止成虫飞过来产卵，除了罩上防虫网，也不要在周围种植会开花的植物。

菠菜

霜霉病

▶P40上

发生时期 3～5月、9～12月

叶片出现不规则的浅黄色病斑，而且病斑的背面还长有白色霉菌。孢子会从霉菌处扩散开来。若苗株发病，可能会整株腐烂。

防治方法

提高垄的高度，以改善排水。保持适当的植株间距，避免密植，以保持良好的通风。推荐选择抗性强的品种栽培。如果发现病株要立刻清除。

药剂　播种时把甲霜灵混入土壤内，并喷洒波尔多液或喹啉铜等。

嵌纹病（花叶病）

▶P49

发生时期 4～10月

该病的传播媒介是蚜虫，所以和蚜虫易发的季节一样，都是在春天和秋天流行。叶片的绿色会变得浓淡不均，叶片也会卷曲变细，导致植物生长不良。

防治方法

一旦发病就难以防治。可以用防寒纱或银黑色塑料薄膜罩住植株，以避免害虫靠近。发现病株时立刻拔除，接触过病株的工具和手都要消毒。

药剂　在日本没有适合的药剂。如果是防治蚜虫，可以喷洒噻虫嗪。

立枯病

▶P35

发生时期 3～11月

容易在春天播种时节发病。长出真叶 5～6 片、尚处于生长初期的苗株，会从接触地面的茎部开始倒伏、枯萎。根部会像水浸般变为褐色，并且腐烂。

防治方法

连续栽种且排水不佳的菜园特别容易发病。除了避免连续栽种，提高垄的高度以改善排水情况也很重要。病株要连同周围的土壤一起处理。

药剂　用克菌丹拌种后再播种。

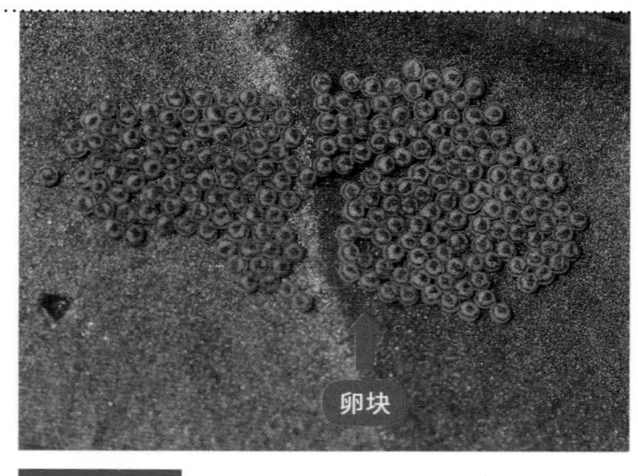

夜盗虫类

▶P74

发生时期 8～11月

刚从卵孵化的幼虫会集体啃食叶片。幼虫长大后会分开行动，食量也会随之增加。

防治方法

播种后用防虫网罩住植株，以避免害虫靠近。如果在叶片背面发现卵块，应将整片叶清除。若发现粒状的粪便，则立刻找出周围的幼虫捕杀。

药剂　在虫害发生时喷洒除虫菊素（替代原文中的ノーモルト乳剂，中国无此产品），连叶片背面也不要遗漏。

生菜、莴苣

软腐病

▶ P46

发生时期 6～10月

一般开始结球的时候发病。与地面接触的外叶部分会逐渐腐烂，当症状严重时，已经结球的部分都会腐烂，并发出恶臭味。病原菌从伤口入侵。

防治方法

因排水不佳、氮肥过多而导致生长得软弱无力的植株最容易发病。除了提高垄的高度以改善排水情况外，操作时勿使植株受损也很重要。病株需连同周围的土壤一起处理。

药剂　在发病初期向整株喷撒喹啉铜，也可用噻菌铜或新植霉素（替代原文中的バイオキーパー—水悬剂，中国无此产品等。

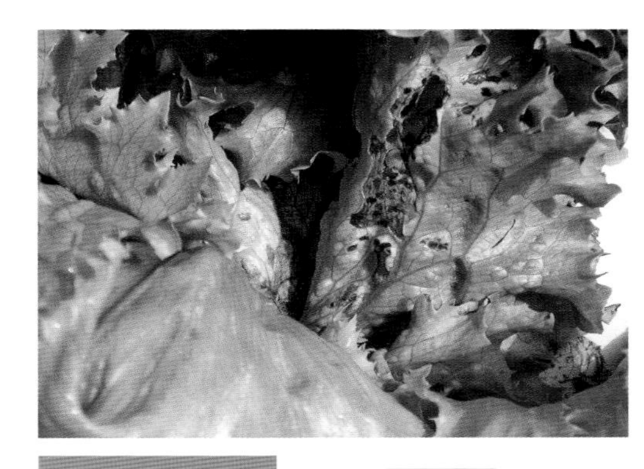

细菌性斑点病

▶ P47

发生时期 4～11月

外叶长有许多水浸般的褐色斑点，进一步发展时，斑点会逐渐扩大范围，叶片也开始枯萎，叶缘完全枯黑。

防治方法

下雨时容易出现泥水飞溅，导致土壤中的病原菌有机会附着在叶片上。为避免此状况发生，应铺设塑料薄膜。采收后的残株要清理干净，不可遗漏。

药剂　在发病初期喷洒春雷霉素或喹啉铜等。

斜纹夜蛾

▶ P74

发生时期 7～11月

刚孵化的幼虫会群聚在叶片背面啃食，但随着长大会逐渐分散。随着食量的增加，叶片受损的程度加重，甚至被啃得只剩下叶脉。

防治方法

该虫属夜行性害虫。用防虫网罩住植株，可以避免害虫靠近。如果发现粪便或是在土壤和植株底部找到幼虫，一律捕杀。若能找到成群活动的幼虫，防治效果会更好。

药剂　在虫害发生时喷洒 BT 菌或甲维盐等。

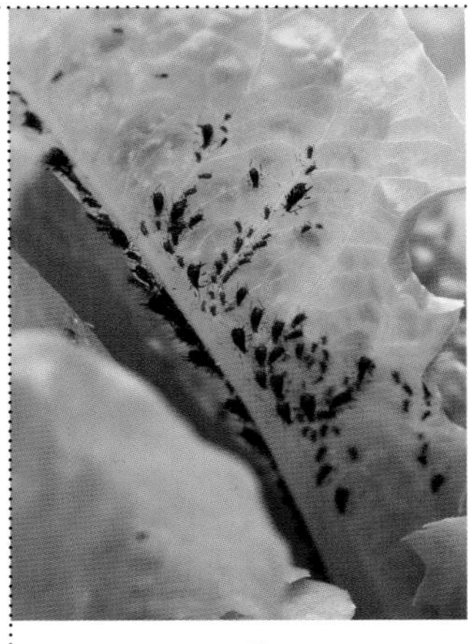

蚜虫类

▶ P56

发生时期

4～11月

体色偏红的长须蚜虫，会吸食植物的汁液。尤其数量多时，会紧紧依附在叶片上吸食，造成植物萎缩，影响生长。

防治方法

利用蚜虫厌光的性质，铺设银黑色塑料薄膜或防虫网，可防止蚜虫靠近。保持适当的间距以改善通风，也不要施过多的氮肥。不论成虫或幼虫，看到了一律捕杀。

药剂　在虫害发生时喷洒除虫菊素（替代原文中的ーリーセーフ、サンクリスタル乳剂，中国无此产品），连叶片背面也不能遗漏。

专栏

如何利用共荣植物

有些植物一起栽培时可以促进彼此生长，这样的组合称为“共荣植物”，也能够在病虫害的防治上发挥很好的效果。

所谓的“共荣植物”也称为“共荣作物”，意思是把某些植物种植在一起，能够对彼此产生正面影响。除了在生长上相辅相成，也能达到使害虫忌避的效果。会散发出害虫讨厌的异味的植物，称作“忌避植物”。

例如，葱科植物所含的大蒜素，是一种抗菌物质，而与其根部共生的微生物，可制造出抑制病原菌生长的物质。所以将瓜科蔬菜、茄科蔬菜与葱科植物一起种植，可以降低前面两者患立枯病等病害的概率。另外，草莓和大蒜也是广为人知的栽培组合，因为利用异味的协同作用，可以预防草莓被蚜虫危害。

除此之外，利用香草植物的气味，驱避害虫的效果也颇值得利用。接下来介绍的，都是很适合在同一时间同一地点种植的组合，请读者作为参考。

共荣植物的代表性范例

❶ 忌避植物的组合

黄瓜和葱

会啃食黄瓜叶片的黄守瓜，讨厌葱的气味，所以黄瓜和葱一同种植时就免受危害，能够顺利生长。葱也能降低黄瓜罹患蔓枯病的风险。

甘蓝和生菜

两者组合可以防止菜青虫危害，生菜也能够避免被一些害虫啃食。

❷ 深根性蔬菜与搭配浅根性蔬菜的组合

浅根性的叶菜类搭配根扎得很深的红萝卜或白萝卜，可提高肥料的利用率，让彼此受惠。另外，深根性的芦笋搭配浅根性的西芹，也是颇为理想的组合。

❸ 喜光植物和喜阴植物的组合

讨厌强烈光照的荷兰芹，适合搭配高豌豆或蔓生菜豆、茄子、黄瓜，因为它们能给荷兰芹提供适度的遮蔽。喜欢光照的番茄搭配半阴性的韭菜，也是很好的组合。

❹ 养分需求高和养分需求低的组合

生菜和洋葱

生菜对养分的需求高，而洋葱刚好相反。所以让生菜充分吸收养分，等到采收之后，只需利用生菜的残留肥料，就能够让洋葱顺利生长。

葱能降低黄瓜感染蔓枯病的概率，也对黄守瓜产生忌避作用。

生菜能让菜青虫不想接近甘蓝。

附着在菜豆根部的根瘤菌，有固氮能力，同时也会向周围释放出含氮物质，帮助茄子顺利生长。

两者各自吸引不同的蚜虫，所以可以替彼此防止害虫接近。

罗勒对茄科蔬菜的害虫能有效发挥忌避作用。

万寿菊能降低线虫和粉虱类出没的概率，是所有蔬菜的共荣搭档。

庭院树木、花木的病虫害

种植在庭院和花盆里的花草树木，最能让人感受到季节的轮替。
以下为大家介绍一些常见的病虫害，以及一旦发生就很容易扩大的类型。

【常见于庭院树木、花木的病虫害】

蝶类和蛾类的幼虫以植物叶片为主食，庭院树木和花木自然不会幸免，其中有些毛虫具有毒性，所以在防治时必须特别当心。毛虫易发的时间和树种，几乎都很规律，不妨事先确认清楚。

庭院树木、花木和蔬菜、草花不同，被毛虫啃食叶片或者被蚜虫吸食汁液时，不至于出现枯萎的状况，即使出现也是极为少数，但如果被大量的介壳虫危害就另当别论了。当树干的下半部感染枝枯病或胴枯病时，整株有可能完全枯萎，必须特别注意。

叶片一旦染病，和蔬菜一样会出现病斑。如果继续发展下去，有时会造成植株完全枯萎。病害和虫害不同，很难在初期被及时发现，所以最重要的是做好预防工作。病害的流行期大多有规律可循，如果要施用药剂，建议在易发季节的前一个月喷洒。

发现树木的生长情况不佳时，请先确认树干和树枝是否有孔洞，以及有无附着的木屑或分泌物。桃树、樱花树、梅子树等树干如果流出树液，有可能是被苹果透翅蛾的幼虫危害；如果有孔洞和粪便，则表示是天牛或透翅蛾等的幼虫钻洞造成的。

如果任其发展，受害部位以上的部分会逐渐枯萎；风一吹也可能被折断。尤其是初夏和秋天，更是病虫害发生的高峰期，一定要特别留意，才能及早发觉。

玫瑰的病虫害很多，必须付出更多精力来养护。

图为在花木中很受欢迎的蔓性玫瑰。

【适时修剪也很重要】

为了降低病虫危害，早期发现固然重要，但为了妥善达到防治的目的，日常管理时改善光照与通风，打造出不容易发生病虫害的环境更是至关重要。因此，妨碍光照和通风的徒长枝、容易沦为害虫栖息的枯枝和叶片、过于茂密的枝条等，都会妨碍植物健康生长，必须定期整枝和修剪。

必须修剪的枝条种类

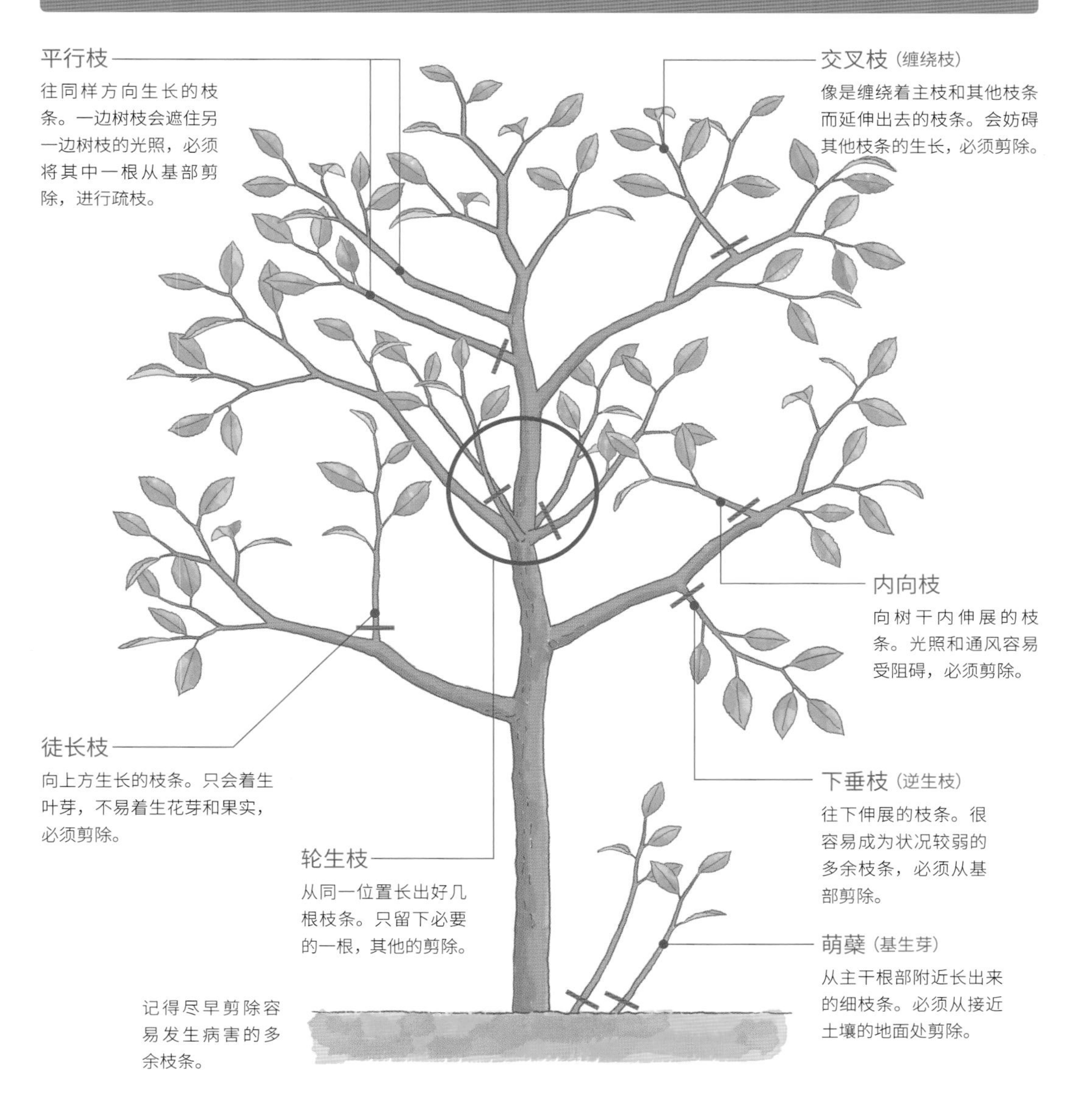

绣球

白粉病

▶P28

发生时期 6～10月

叶片和新芽上长有像被撒了面粉般的白色霉菌，而且会逐渐扩大到整个叶片。情况严重时，叶片会变形、枯萎，新芽也无法伸展。

防治方法

多发生于枝叶过于茂密、有病株存在的植株。日常管理时应适度修剪枝叶，保持良好的通风，并摘除病叶，氮肥不可施过量。

药剂 在发病初期喷洒腈菌唑或苯菌灵等。

炭疽病

▶P36上

发生时期 4～10月

叶片出现许多小的中心呈灰褐色凹陷状的紫褐色病斑。随着病害的发展，病斑会增大并破裂，叶片会枯萎。

防治方法

立刻清除发病部位。适度修剪过于茂密的枝叶，以保持良好的通风；避免叶片因日晒雨淋而受损。也不可施过多的氮肥。

药剂 在发病初期对全株喷洒苯菌灵或甲基硫菌灵。

透翅蛾

发生时期 8～10月

蛾的幼虫会危害树干，在内部啃食成隧道状，导致植物生长不良。它们会将木屑和粪便堆成的袋状物覆盖在入侵口上。

防治方法

清除附着在树干等处的袋状物，并用细铁丝插入孔洞中，刺杀里面的幼虫。刚孵化的幼虫会栖身在杂草里，所以除了勤加除草外，还要把周围的环境整理干净。

药剂 4～5月时对植株和其周围喷洒杀螟硫磷。若要防治幼虫，可从洞口注入药剂。

碧蛾蜡蝉

▶P54上

发生时期 5～9月（幼虫）

幼虫和成虫都会吸食树木的汁液，虽然不至于对植物造成严重的损害，但是幼虫会分泌白色的蜡质絮状物，附着在树枝上会影响美观。

防治方法

过于茂密的枝叶必须定期修剪与整枝。发现有絮状分泌物的幼虫和成虫时一律捕杀，并用牙刷清除附着在树枝上的分泌物。

药剂 在日本没有适合的药剂。

枫树、槭树

白粉病

▶P28

发生时期 5～10月

新芽和叶片被宛如面粉的白色霉菌覆盖，造成叶片变形和掉落，新芽无法萌发，生长情况也每况愈下。

防治方法

过于茂密的枝叶必须定期修剪与整枝，病叶和落叶也要立刻清除，以免病害蔓延。注意不可一次性施过多的氮肥。

药剂 在发病初期，如果出现一层薄薄的白色霉菌，可用腈菌唑或粉锈宁等喷洒全株。

星天牛

▶P60

发生时期

7月～第二年4月(幼虫)、5月下旬～7月（成虫）

乳白色的幼虫会侵入树干，啃食内部，啃食严重时会造成树木枯死。成虫以嫩枝和柔软的树皮为食，连枝梢也不放过。

防治方法

只要看到成虫就捕杀。平常养成观察的习惯，注意树枝是否枯萎，是否有产生木屑的孔洞。此外，枯木会成为害虫的巢穴，必须立刻处理。

药剂 把木屑清理干净，朝着孔洞喷洒二氯苯醚菊酯。

圆尾蚜

▶P56

发生时期 4～10月

红褐色的小虫会群聚在新芽、新梢和新叶的柔软处吸食汁液。当蚜虫的数量很多时，会导致叶片卷曲，植物生长不良。其排泄物还会诱发煤污病。

防治方法

当出现害虫时，必须连枝叶一并剪掉并处理。过于茂密的枝叶必须定期修剪与整枝，以保持良好的光照与通风。不要一次性施过多的氮肥。

药剂 在虫害开始发生时对整株喷洒杀螟硫磷，连叶片背面也不要遗漏。

丽绿刺蛾

▶P57下

发生时期 6～9月

带有有毒刺毛的幼虫以叶片为食。低龄幼虫会群聚在叶片背面啃食，随着长大而逐渐分散行动，数量太多时，会把叶片啃食殆尽。

防治方法

发现幼虫就立即捕杀。但如果直接触碰幼虫的刺毛，会产生剧痛感，也可能引起皮肤发炎，所以不可以用手直接接触。一旦发现越冬中的虫茧，也要将其捏碎。

药剂 在虫害开始发生时喷洒杀螟硫磷或高效氯氟氰菊酯（替代原文中的ベニカＪスプレー，中国无此产品）等。

齿叶冬青

煤污病

▶P33上

发生时期 一整年

蚜虫和介壳虫的排泄物会成为霉菌的营养源，导致叶片和树枝变黑变脏。植物被霉菌覆盖后，因无法进行光合作用而生长不良。

防治方法

关键在于消灭导致发病的蚜虫。剪除发病严重的树枝，连同落叶清理干净。过于茂密的枝叶必须定期修剪与整枝，以保持良好的通风和光照环境。

药剂 在日本没有适合的药剂。

柑橘叶螨（红蜘蛛）

▶P68

发生时期 5～11月

红褐色的螨虫会群聚在叶片背面吸食汁液，造成叶片出现许多白色小斑点，变成斑驳的模样。从初夏到秋天等高温少雨的环境易发生。

防治方法

勤加检查叶片背面，以便能早期发现。受害的部位都要马上剪除。螨虫讨厌雨水天气，喜欢高温干燥的环境，所以气候太过干燥时，可用水管冲刷叶片背面。

药剂 如果害虫滋生的数量太多，药剂的效果也会减弱，最好在害虫开始出现时，喷洒乙螨唑等。

光叶石楠

叶斑病

▶P40下

发生时期 4～10月

发病时叶片上出现黑褐色的圆形斑点，斑点周围则呈红色，最后会扩及整片叶。严重时会出现落叶，树木的生长状况也越来越差。

防治方法

过于茂密的枝叶必须定期修剪与整枝，以保持通风良好、光照充足的环境。发病的枝叶必须立刻剪除，以免病害蔓延，落叶也要清理干净。

药剂 在发病初期和摘除病叶后，可喷洒苯菌灵等。

大避债蛾

▶P73上

发生时期

6～10月

以叶片筑成蓑巢的幼虫会啃食叶片。在其还小时，害虫造成的危害尚不严重，但食量会随着其长大而增加，除了叶片，连树枝的皮都会被啃光。

防治方法

平常就养成观察植物的习惯，一看到树枝上的蓑巢就立刻处理。在幼虫发育期，必须将蓑巢连同树枝一起处理。

药剂 趁蓑巢还小的6~7月，喷洒敌百虫数次。

垂丝海棠

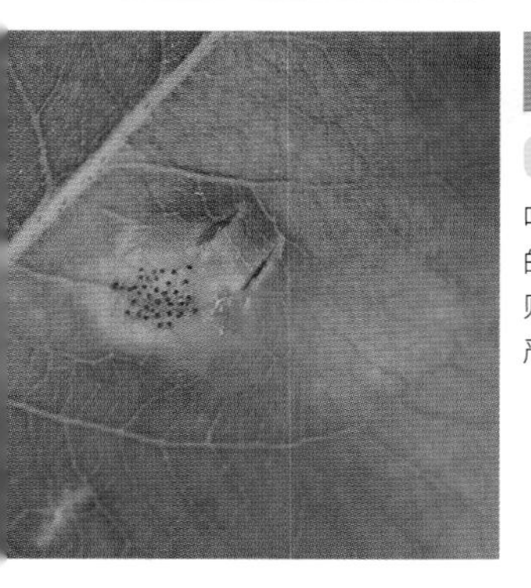

锈病

发生时期 4～6月

叶片表面出现稍微隆起的橙黄色小斑点，背面则长出灰色的须状物。严重时叶片会变黄、枯萎。

防治方法

摘除发病的叶片。过于茂密的枝叶必须定期修剪与整枝，以保持通风良好和光照充足。病原菌会寄生在龙柏上，所以在垂丝海棠周围不可种植。

药剂 在日本没有适合的药剂（在中国可选用粉锈宁进行喷洒）。

绣线菊蚜

▶P56 **发生时期** 4～11月

体色为黄绿色、脚和触角为黑色的小虫，会群聚在新梢和新叶上吸食汁液。受害的植物无法萌发新芽，生长也会不良。

防治方法

看到害虫就立刻捕杀；如果连同枝叶一并剪除，可以消灭整群的害虫，提高防治的效率。过于茂密的枝叶必须定期修剪与整枝，以保持通风良好。

药剂 在虫害开始发生时，喷洒杀螟硫磷或高效氯氟氰菊酯（替代原文中的ベニカJスプレー，中国无此产品）等，连叶片背面也不要遗漏。

小叶黄杨、黄杨

黄杨木蛾

▶P73下

发生时期

3～8月（幼虫）

害虫会利用新叶和小树枝筑巢，幼虫就躲在巢内啃食新叶。幼虫的生长速度很快，所以危害也会快速蔓延，最后叶片会被啃光。

防治方法

平常养成观察植物的习惯，只要找到幼虫就捕杀。若能在初春发现体形小的幼虫并做好防治工作，就能降低危害程度。

药剂 在虫害开始发生时，针对吐丝筑巢的幼虫喷洒杀螟硫磷（替代原文中的ベニカJスプレー，中国无此产品）。

月桂树

红蜡蚧

▶P59

发生时期

一整年（幼虫是6月下旬～7月上旬）

此种介壳虫全身覆盖着红褐色的蜡状物质，通常都密布在嫩枝和叶片上。雌成虫和幼虫都会吸食汁液，导致植物变得衰弱，也会诱发煤污病。

防治方法

一旦发现害虫就用牙刷刷掉。如果枝条长满害虫，就将其剪除。过于茂密的枝叶必须定期修剪与整枝，以保持通风良好。

药剂 在幼虫孵化的时期（6月下旬~7月上旬），仔细喷洒啶虫脒或矿物油（替代原文中的ボルン，中国无此产品），不可有遗漏之处。

桂花

褐斑病

▶P40下

发生时期

11月～第二年4月

叶尖和边缘出现浅褐色的斑点，最终变为灰褐色和灰白色，病斑上会长出许多黑色小点。病健交界处分明。

防治方法

为了避免周围的健康枝叶也感染，必须立刻剪除病叶并妥善处理。过于茂密的枝叶必须定期修剪与整枝，以保持通风良好。

药剂 在发病初期剪除长有病斑的叶片后，喷洒甲基硫菌灵等。

叶枯病

发生时期

10月～第二年5月

浅褐色病斑从叶尖向基部蔓延，不久变为灰白色。症状和褐斑病类似，不同之处是会在初夏落叶。

防治方法

剪除病叶。如果病斑部分扩大，叶片会纷纷掉落，此时应清理落叶。过于茂密的枝叶必须定期修剪与整枝，以保持通风良好。

药剂 在发病初期剪除长有病斑的叶片后，喷洒乙霉威（替代原文中的ゲッター悬浮剂，中国无此产品）或百菌清等。

柑橘叶螨（红蜘蛛）

▶P68

发生时期 5～11月

红色的叶螨习惯群聚在叶片背面吸食汁液，使叶片出现白色斑点，像色素褪去般发黄，虽然不至于枯萎，但会影响美观。

防治方法

叶螨喜欢高温干燥的环境，不喜欢潮湿。所以在气候干燥时，用水管对着叶片冲刷，可以降低受害的程度。过于茂密的枝叶必须定期修剪与整枝，以保持通风良好。

药剂 在虫害开始发生时对叶片背面仔细喷洒乙螨唑。

碧蛾蜡蝉

▶P54上

发生时期 5～9月（幼虫）、7～9月（成虫）

在新梢和叶片背面附着的白色絮状分泌物，幼虫便藏身其中吸食汁液，虽然不会造成严重的危害，但附着在树枝上的白色分泌物，会严重影响美观。

防治方法

用牙刷刷掉絮状分泌物。成虫也会吸食汁液，所以也要捕杀。通风不良会提高虫害的发生率，所以不能让枝叶长得过于茂密，必须加以修剪和整枝。

药剂 在日本没有适合的药剂。

栀子花

大透翅天蛾

发生时期 6～9月

大透翅天蛾是栀子的主要害虫，其幼虫的尾部极具辨识性。体形大，食量也惊人，会把叶片全部啃光，只留下光秃秃的枝干，甚至会造成植物枯萎。

防治方法

根据害虫的啃食痕迹和粪便找到幼虫后立刻捕杀。有些幼虫呈褐色，但也有些幼虫的体色和叶片一样为绿色，所以要仔细辨识，不要错过。

药剂 在幼虫刚开始出现时喷洒高效氯氟氰菊酯或噻虫胺。

▲大透翅天蛾会在落叶等处化蛹、越冬。体形大的绿褐色成虫会停留在半空中吸取花蜜，其在白天活动力旺盛，所以能经常见到。

白蜡蚧

▶P59

发生时期 一整年（幼虫是6～7月）

体表覆盖着白色蜡状物质的半球形雌成虫和星形幼虫，会聚集在叶片和树枝上吸食汁液。其排泄物会诱发煤污病，导致植物变得衰弱。

防治方法

平常仔细观察，尽可能早发现。一看到害虫就用牙刷刷掉，如果数量很多时，连枝条一并剪除。必须适度修剪长得过于茂密的枝叶，以保持良好的通风与光照。

药剂 在幼虫从壳内孵化的6~7月，喷洒啶虫脒（替代原文中的ボルン，中国无此产品）可达到不错的防治效果。

【为什么叶片的颜色变淡了？】

▲因为缺铁而导致柑橘的新叶变黄。

只要在形成叶绿素时所需的铁元素不足，就会出现该症状，但不具有传染性。新叶的症状尤其明显，叶脉之间也会变成黄色，导致植物生长发育不良。原因是土质偏碱性，造成铁的吸收不良。对于日本多雨的地区而言，并没有天然的碱性土，但如果是以盆栽的方式栽培植物，可在盆土内施入少量的硫酸亚铁肥料或购买合适的营养土。

铁线莲

褐斑病

▶P40下

发生时期 4～10月

叶片长出褐色或黑色的小斑点，最后扩大为圆形或椭圆形的病斑。严重叶片会枯萎掉落，植株变得虚弱。

防治方法

通风不良会提高发病率，所以过于茂密的枝叶必须适度修剪，病叶务必清理干净。盆栽时，浇水时要浇在底部，不可直接浇在叶片上。

药剂 在开始发病和摘除病叶后，喷洒甲基硫菌灵或代森锰锌（替代原文中的モスピラントップジンMスプレー，中国无此产品）。

锈病

发生时期 4～6月

叶片表面出现圆形的橙色病斑，病斑变大后，背面会长出毛状物，从里面释放出孢子，叶片则变黄、枯萎。

防治方法

立刻清除病叶，不要把水直接浇在叶片上，也要避免过于潮湿。保持通风和排水良好，把盆栽放置在不会长期被雨水淋湿的地方。

药剂 在发病初期喷洒克菌丹或福美双（替代原文中的チオノックフロアブル，中国无此产品）等。

厚叶石斑木

煤污病

▶P33上

发生时期 一整年

叶片出现点状的黑色霉菌，渐渐蔓延整个枝叶。大量发生时，会妨碍光合作用。除了影响植物的生长发育，也有碍美观。

防治方法

适度修剪过于茂密的枝叶，以保持良好的通风与光照。对于导致发病的蚜虫和介壳虫必须加以防治，同时也要把落叶清理干净。

药剂 在日本没有适合的药剂。

加拿大唐棣（六月莓）

舞毒蛾

▶P66下

发生时期

4～6月（幼虫）

每年春天幼虫发生1次。幼虫以叶片为食，体长可达6厘米，食量也会随着长大而增加，如果放任不管，全部叶片都会被啃光。

防治方法

春天到初夏是幼虫的捕杀期。初春若在树干和叶片上发现成群的低龄幼虫，必须连同枝叶剪除。冬天如果发现卵块，就用竹签等锐物刺破。

药剂 药剂的防治效果会随着幼虫长大而减退，最好在虫害开始发生时对整株喷洒BT菌。

樱花

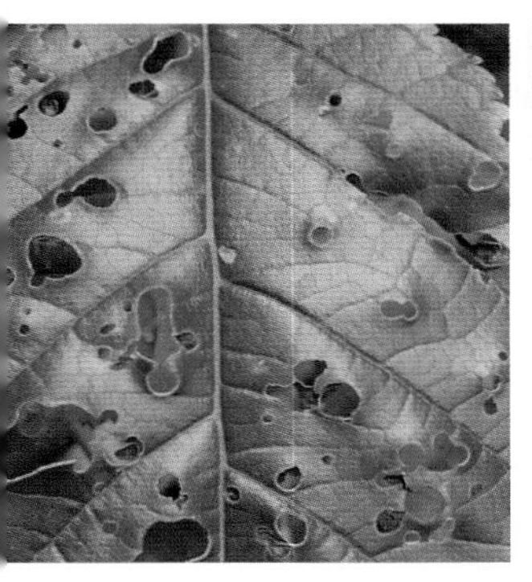

褐斑穿孔病

发生时期 5～6月

叶片长有许多褐色小斑点，其中心都有孔洞。除了有碍美观，叶片也会从夏天开始掉落，不过不会全部掉光。

防治方法

病原菌会寄生在落叶上越冬，所以落叶一定要清理干净。病叶也要处理。适度修剪过于茂密的枝叶，并避免密植。

药剂 从病害易发生的5月开始，就定期喷洒苯菌灵或甲基硫菌灵等。

簇叶病（天狗巢病）

▶P37上

发生时期 一整年

部分枝条膨胀，并从膨胀处长出许多呈扫帚状分布的小枝条，这些枝条上的叶片生长不良，也不会开花，严重时整棵树都会变得衰弱。

防治方法

在冬天到春天，将异常膨胀的枝条连同膨胀处一并剪除。因为该病多发生于光照不良的情况下，所以冬天必须进行修剪，并保持通风良好。

药剂 剪除病枝后，在切口处涂抹甲基硫菌灵溶液。

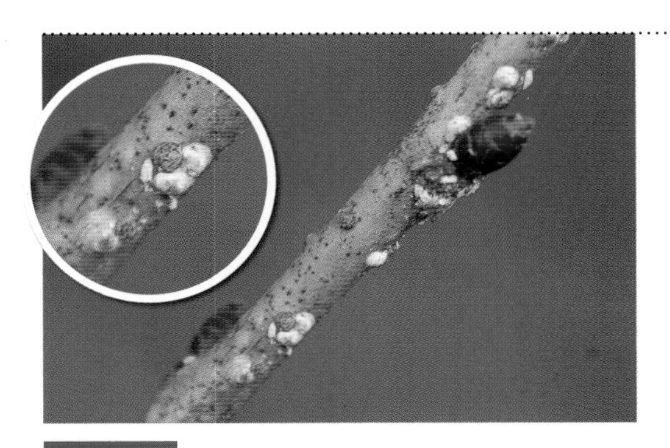

桑白蚧

▶P59

发生时期 5～9月

幼虫一年会发生3次，大多寄生在树干上吸食汁液。除了有圆盘状的外壳，害虫还会分泌蜡状物质。大量发生时，树枝看起来会呈白色，树势变得衰弱。

防治方法

平常仔细观察，尽可能早发现。看到害虫就用牙刷刷掉，数量很多时，连枝一并剪除。害虫不喜阳光直射，所以枝叶必须定期修剪，不可过于茂密。

药剂 在每年5月、7月、9月的幼虫发生初期喷洒矿物油或啶虫脒乳剂等。

蚜虫类

▶P56

发生时期 4月中旬～6月

害虫会在新叶上吸食汁液，导致叶片皱缩、向内卷曲。叶缘会从黄色逐渐变为红色，最后掉落。叶片变形，也有碍美观。

防治方法

剪除被害虫危害导致卷曲的叶片，将里面的害虫消灭，但害虫不一定都在，所以必须在其他植物受害前将它们消灭。

药剂 仔细喷洒甲基嘧啶磷或杀螟硫磷等，并确保药剂对藏在叶片里的害虫发挥作用。

石楠

炭疽病

▶P36上

发生时期 4～11月

叶片长出几乎呈圆形的褐色病斑。病斑若是扩大，中央会转为灰白色，周围则变为暗褐色，最后出现小黑点，叶片枯萎。

防治方法

去除病叶并妥善处理。枝叶交缠、通风不良会提高发病率，必须适度修剪，以改善通风。修剪下来的枝叶也要妥善处理。

药剂 发病时和摘除病叶后，喷洒甲基硫菌灵等。

杜鹃军配虫

▶P61下

发生时期 4～10月

成虫和幼虫都会寄生在叶片背面吸食汁液。受害叶片出现白色浑浊状斑点，严重的会出现黄化、掉落；导致生长和开花情况不良。

防治方法

不论是成虫和幼虫，看到时一律捕杀。害虫偏好高温干燥的环境，所以注意防止土壤干燥，也必须将植株周围的杂草和落叶清理干净。

药剂 在虫害发生初期，以叶片背面为主向整株喷洒杀螟硫磷或乙酰甲胺磷等。

茶卷叶蛾

▶P70上

发生时期 5～10月

幼虫会在叶片和新芽上吐丝筑巢，然后藏身于其中啃食周围的新叶和新芽，包括生长点，造成生长停顿，也影响美观。

防治方法

通常1年会发生3~4次。平常多仔细观察植物，如果发现被害虫筑巢的叶片，立刻摘除，并用手捏碎里面的幼虫。最好不要打开叶片，以免幼虫溜走。

药剂 在虫害发生初期向整株喷洒杀螟硫磷等，让药剂也能渗透到卷在叶里的幼虫。

原因是这个！

卷叶虫

▲会把叶片卷起的虫类的统称。种类繁多，将叶片卷起的方法也各自不同。有些会把2片大如石楠的叶片重叠起来缠成虫苞，栖身在里面。

黑栎

青刚栎白粉病

发生时期 4～11月

新叶的正面出现轮廓模糊的浅黄色病斑。起初从叶片背面长出白色粉状物，渐渐地变为黑褐色，影响美观。

防治方法

只要曾经发过病，每年都会复发，为了避免病原菌来年卷土重来，必须妥善处理发病的叶片和落叶。修剪过于茂密的枝叶，以改善通风与光照。

药剂 在发病初期向全株喷洒嘧菌胺或甲基硫菌灵等。

小青铜金龟

▶P63上

发生时期 6～9月

属于金龟子科，深绿色的成虫会啃食叶片，只留下叶脉，对叶片造成严重的破坏。最棘手的地方在于成虫会不断飞来，难以根除。

防治方法

发现植物周边有成虫就立刻捕捉，而且选择在成虫动作迟钝的早晨进行会更顺利。它们会在尚未腐熟的腐殖土和堆肥等处产卵，所以若使用有机肥，必须确保已经腐熟。

药剂 如果成虫的量很多，可以喷洒杀螟硫磷。

木槿

棉蚜

▶P56

发生时期 4～11月

害虫会附着在花蕾和花上，尤其喜欢密密麻麻地聚集在春天的新芽和新梢上吸食汁液，对植物造成危害，而且容易导致煤污病、病毒病的发生。

防治方法

平常就要多观察植物，一发现害虫就立刻捕杀。如果出现成群的害虫，就连枝叶一同剪除。修剪过于茂密的枝叶，以改善通风与光照环境。

药剂 在虫害发生初期喷洒杀螟硫磷等，连叶片背面都不要遗漏。

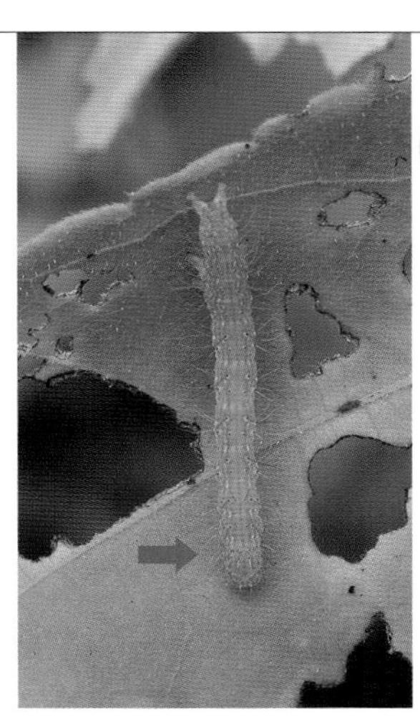

木芙蓉

犁纹黄夜蛾

发生时期 6～7月、9月

幼虫会把叶片啃出大洞，严重时只剩下叶脉。绿色的幼虫随着长大会出现黑色斑纹和黄色条纹。

防治方法

如果发现新叶和新芽有孔洞，就应找出幼虫并消灭。如果附近有木槿、棉花和秋葵等植物受害，表示成虫已飞来产卵，必须格外注意。

药剂 在日本没有适合的药剂。

山茶花、茶梅

黄斑病

▶P48、P49

发生时期 一整年

叶片出现大小不一的黄白色斑纹，有时候整片叶都会变成黄白交杂状。即使发病，叶片不会枯萎，但是也无法痊愈。

防治方法

特征是只有一部分的枝叶出现症状。如果觉得影响美观，直接剪除也可。已经发病的树不可用于扦插繁殖。购买苗株时，记得挑选没有病叶的个体。

药剂 在日本没有适合的药剂。

菌核病

▶P29下

发生时期 1～4月

花瓣出现水浸般茶褐色斑纹，而且渐渐会扩散到整株，最后掉落。如果即将开放的花蕾被病原菌侵染，会腐烂变成褐色，也无法开花。

防治方法

病花连同掉落的花要集中处理，以免病原菌在来年卷土重来。如果是盆栽，浇水时要浇在植株底部，不要直接浇在叶片上。

药剂 如果花蕾已经膨胀，可以喷洒甲基硫菌灵或苯菌灵等。

黄斑病

发生时期 4～10月

有研究认为该病是由蚜虫为媒介的病毒病。发病时叶片长出同心圆状的黄色病斑，最后整片叶会逐渐黄化、脱落。

防治方法

修剪过于茂密的枝叶，以改善通风与光照。立刻剪除病叶，连同可能会附着病原菌的落叶一并清理干净。

药剂 没有药剂能对病毒性病害发挥效用，应做好蚜虫防治工作。

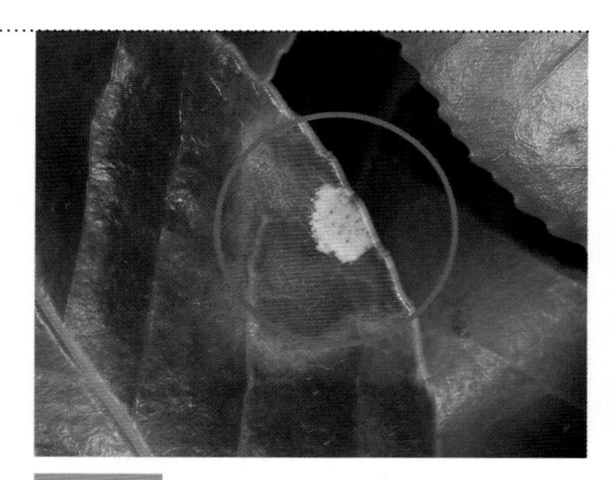

炭疽病

▶P36上

发生时期 4～11月

叶片长出暗褐色的圆形小病斑，随着病害的发展，病斑会逐渐扩大，中心部分变为灰白色，并出现扩及全叶的小黑点。

防治方法

只要发现病叶就摘除。枝叶交缠、通风不佳会提高发病率，所以必须修剪过于茂密的枝叶，以改善通风与光照。

药剂 发病时和摘除病叶后，喷洒甲基硫菌灵等。

饼病

发生时期 5～6月

新叶出现浅绿色的小鼓起，再逐渐膨胀成平常的数倍。随着症状的发展，膨大肥厚的叶片会出现白色粉状物。

防治方法

白色粉状物就是真菌的孢子，会到处飞散，造成病害蔓延，所以要在其出现之前尽快剪除病叶。修剪过于茂密的枝叶，以改善通风与光照。

药剂 在日本没有适合的药剂。

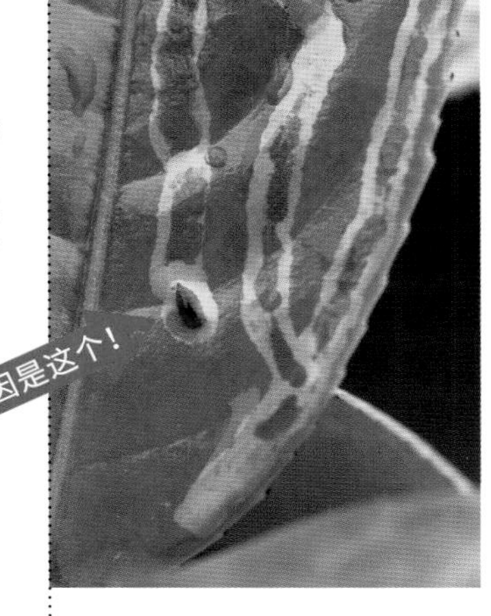

百香果热潜蝇

▶P71下

发生时期 5～10月

幼虫会潜入叶片中啃食叶肉，只留下叶的表皮。幼虫会在爬过的地方留下弯弯曲曲的白色黏液，这些痕迹不仅影响外观，对植物本身也会造成危害。

防治方法

养成观察植物的习惯，若出现白色线痕，便循线找出前端的幼虫和蛹，用手捏死。受害严重的叶片必须整片剪除。

药剂 在日本没有适合的药剂。

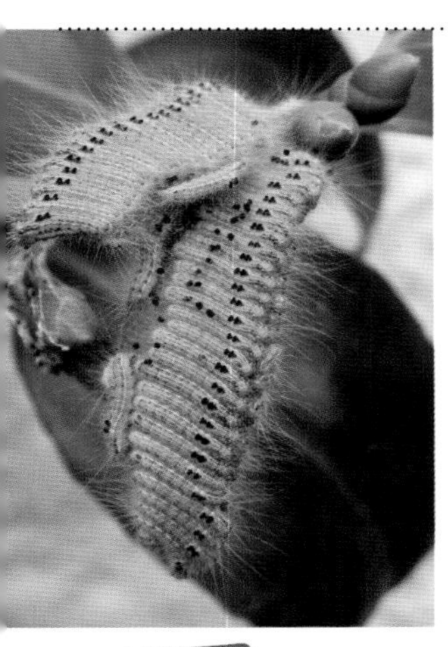

茶毒蛾

▶P66下

发生时期

4月中旬～6月（幼虫）
7月下旬～9月（幼虫）

体色为黄褐色、全身布满黑色斑纹的毛虫以叶片为食。如果数量很多，叶片会被啃光。幼虫起初会群聚在叶片背面，随着长大而开始分散行动。

防治方法

幼虫和卵都是捕杀的对象，但不要触碰到害虫的毒针。在处于卵块的形态或是幼虫分散行动之前，连枝叶一并剪除可捕获整群的幼虫，更可以提高防治效率。

药剂 幼虫还小时，向全株喷洒二氯苯醚菊酯或高效氯氟氰菊酯（替代原文中的ダブルプレーAL，中国无此产品）。

柑橘蚜虫

▶P56 **发生时期** 主要是4～11月

暗褐色的小虫群聚在新梢和新叶等处吸食汁液。受害的芽会停止生长，导致植株生长不良，还会诱发煤污病。

防治方法

孵化后约10天就长为成虫，繁殖力强。最重要的是及早发现，看到害虫就捕杀。在幼虫分散行动之前，可以连枝叶一并剪除，以捕获整群的幼虫，更能提高防治效率。

药剂 在虫害发生初期喷洒杀螟硫磷或甲基嘧啶磷等，连叶片背面也不要遗漏。

杜鹃、皋月杜鹃

饼病

发生时期

5～6月、8～9月

主要症状是新叶像烤年糕似的膨大，接着被白色粉状物覆盖，最后变为褐色腐烂。所谓的白色粉状物是真菌的孢子，到处飞散后会造成更大的危害。

防治方法

在出现白色粉状物之前尽早剪除病叶。修剪过于茂密的枝叶，以改善通风与光照。浇水时要浇在底部，不要直接浇在叶片上。

药剂 在发病初期喷洒灭锈胺或波尔多液等。

灰霉病

▶P39上

发生时期 4～11月

花瓣上出现像污渍一样的小斑点，逐渐扩大后，变为褐色、腐烂。梅雨季和湿度高的时候，容易诱发灰霉病。

防治方法

花容易滋生真菌，必须勤加摘除。植物衰弱时也容易发病，所以除了重视排水，也要避免密植，以保持良好的通风与光照。

药剂 趁斑点还小时，喷洒甲基硫菌灵，以防病害继续蔓延。

三节叶蜂

▶P69

发生时期 5～10月（幼虫）

头部为黑色的浅绿色幼虫，身体侧边遍布着许多黑点，会群聚在叶片边缘啃食，把叶片啃光，只剩下叶脉。数量很多时，整株会被啃得光秃秃。

防治方法

通常1年发生3次。防治重点在于养成观察植物的习惯，以便能早期发现。如果发现啃食痕迹，可循迹找到幼虫并捕杀。连叶剪除，能够一次消灭整群的幼虫。

药剂 在幼虫开始出现时，用杀螟硫磷（替代原文中的オルトランC，中国无此产品）喷洒植株整体。

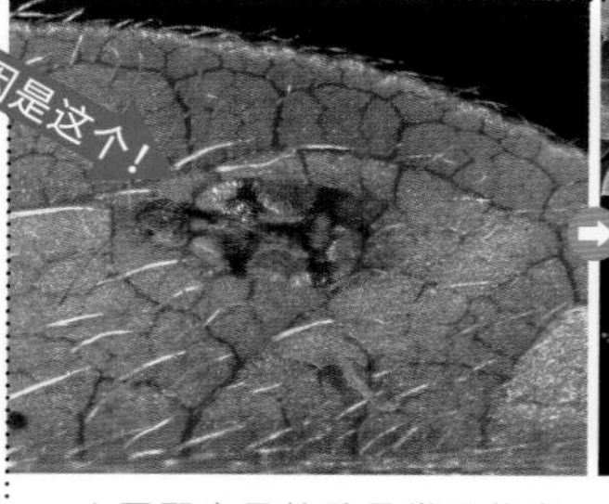

▲军配虫是杜鹃最常见的害虫，因其成虫的网状翅膀形似日本相扑裁判的指挥扇（军配团扇）而得名。成虫和幼虫都习惯栖息在叶片背面。

杜鹃军配虫

▶P61下

发生时期 4～10月

成虫和幼虫都依附在叶片背面吸食汁液，导致叶片发白。其危害特征与叶螨相似，但是军配虫会在叶片背面留下黑色的排泄物，可以依此区分。

防治方法

养成观察植物的习惯，看到害虫就立刻捕杀。修剪过于茂密的枝叶，以改善通风与光照。周围的杂草和落叶也要清扫干净，使植株底部保持整洁。

药剂 1年会发生3~5次。在虫害发生初期喷洒高效氯氟氰菊酯（替代原文中的ベニカXファインスプレー，中国无此产品）。

山茱萸（大花四照花）

白粉病

▶P28

发生时期 4～11月

叶片和新梢长出有如面粉般的白色圆形霉菌，渐渐地，整片叶都会被霉菌覆盖。如果霉菌很多，新叶会变畸形，植物也可能枯萎。

防治方法

枝叶过于茂密或周围有病株存在时，都会提高发病率。应趁早处理病叶和落叶，并且适度修剪枝叶，以改善通风与光照。

药剂 在发病初期喷洒腈菌唑或粉锈宁等。

美国白蛾

▶P62

发生时期 6～10月

其幼虫会吐丝将叶片筑成网状巢，并躲在里面啃食叶片。等到幼虫长大后则分散行动，食量也变得更大。数量很多时，所有的叶片可能会被啃光。

防治方法

1 年会发生 2~3 次。平常要仔细观察，一发现幼虫就立即捕杀。在其分散行动之前，连枝叶和巢一并剪下来，可提高防治效率。

药剂 在幼虫尚未分散行动时，喷洒乙酰甲胺磷等。

木瓜海棠

锈病

发生时期 4～6月

叶片表面长出鲜橙色的凹陷状斑点，背面则长出须状毛。如果病害严重，就会出现落叶，生长也不良。

防治方法

立刻处理病叶。孢子会从叶片背面的须状毛中散播开来，并附着在龙柏等树木上越冬，所以不可在附近种植龙柏，同时避免环境过度潮湿也很重要。

药剂 在发病初期喷洒己唑醇。

蚜虫类

▶P56

发生时期 4～11月

绣线菊蚜等蚜虫群聚在植物上吸食汁液，导致叶片卷曲、皱缩、变形，也会诱发煤污病和嵌纹病。

防治方法

养成观察植物的习惯，看到害虫就捕杀。连叶一并剪除，可以一次消灭大量的蚜虫，提高防治效率。适度整枝和修剪过于茂密的枝叶，以保持良好的通风。

药剂 在害虫开始出现时喷洒杀螟硫磷，连叶片背面都不要遗漏。

玫瑰

黑斑病

▶P40下

发生时期 5～7月、9～11月

黑斑病是玫瑰的常见疾病，症状是叶片长出有如水浸般的浅褐色和黑紫色病斑，之后逐渐扩大，变为黄色，然后脱落。病害蔓延时，连茎都会枯萎。

防治方法

尽早清除发病的枝条和叶片，并清理落叶，使植株周围的环境保持整洁。浇水时要浇在底部，而不是直接浇在叶片上。

药剂 在发病初期喷洒代森锰锌等；在植株冒出新芽前喷洒苯菌灵。

白粉病

▶P28

发生时期 4～11月

叶片、花蕾、新芽像是被撒了面粉一样长出白色霉菌，渐渐地整片叶都会被霉菌覆盖。新芽停止发育，植株生长不良。

防治方法

尽早去除发病的部分，连同落叶清理干净。避免密植，定期修剪过于茂密的枝叶，以保持良好的通风与光照。不要添加过量的氮肥。

药剂 在发病初期喷洒粉锈宁。

玫瑰三节叶蜂

▶P69

发生时期 5～11月

成虫会在嫩枝上制造伤口以便产卵。绿色的幼虫会群聚在叶片背面啃食，只留下粗大的叶脉。如果数量很多，植物的生长状况会变得非常虚弱。

防治方法

1年会发生3~4次。平常仔细观察植物，如果发现幼虫就立即捕杀。连同叶片一并剪除，能一次消灭大量的幼虫，提高防治效率。产卵中的成虫不会移动，很容易捕杀。

药剂 趁幼虫还小时，对整株喷洒高效氯氟氰菊酯（替代原文中的ベニカXファインスプレー，中国无此产品）。

▶成虫会在嫩枝上制造伤口，然后在上面产卵，所以随着枝条的生长，伤口会跟着裂开。病原菌会从伤口处入侵，必须特别注意。

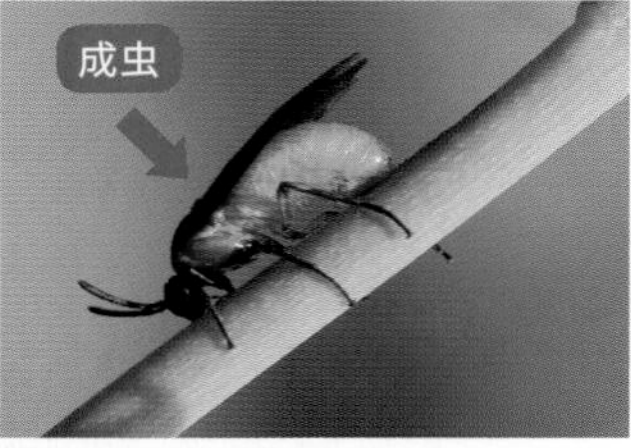

日本金龟子

▶P63上

发生时期 6～9月

翅膀是茶色的绿色金龟子，会把叶片和花瓣啃出一个个孔洞。因为会从四处飞来，难以防治。

防治方法

仔细检查种植在玫瑰周围的植物，找出有无受害的部分或害虫，如果发现成虫就捕杀。附近若是堆放未腐熟的堆肥和腐殖土，特别容易诱发该虫害，必须多加注意。

药剂 在日本没有适合的药剂。

玫瑰蚜虫

▶P56

发生时期 4～10月

黄绿色的小虫会成群地依附在新芽、茎、花蕾等处吸食汁液。尤其以春天植株冒出新芽时，造成的危害特别明显，甚至会影响植物的生长。

防治方法

养成仔细观察植物的习惯，才能及早发现。一旦发现成群的害虫就捏死。定期整枝与修剪，以保持良好的通风与光照。另外，不可添加过量的氮肥。

药剂 在虫害发生初期喷洒高效氯氟氰菊酯（替代原文中的ベニカXファインスプレー，中国无此产品），也可在植株底部施吡虫啉颗粒剂。

玫瑰卷叶象鼻虫

▶P65下

发生时期 4～8月

成虫不但会蚕食柔嫩的新芽和花蕾，还会在上面产卵，造成受损部位枯萎。幼虫则潜藏在茎部和花蕾中啃食。

防治方法

只要一摇晃叶片，成虫就会掉落地面，但注意不要让它们逃脱。受损的新芽和花蕾，连同掉在地上的部分一起妥善处理。

药剂 在日本没有适合的药剂。

【在摇篮中成长的姬琉璃卷叶象鼻虫】

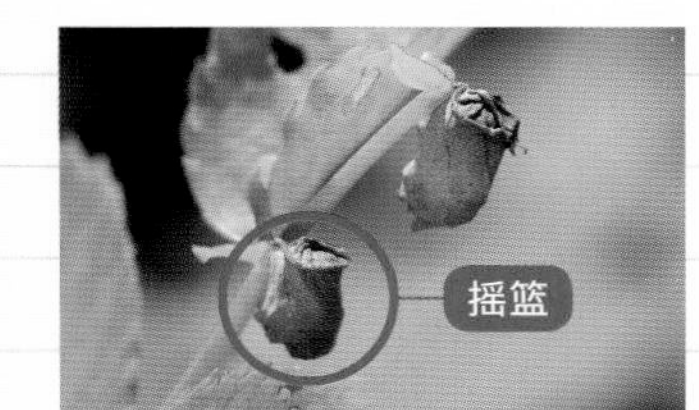

▲利用玫瑰叶片打造摇篮的姬琉璃卷叶象鼻虫。

成虫产卵后，会把叶片整齐地堆叠起来，打造成幼虫栖息的摇篮，该摇篮也是幼虫的粮食，但不会像玫瑰卷叶象鼻虫一样造成大规模的危害。

冬青卫矛

白粉病

▶ P28

发生时期 4～11月

像面粉般的霉菌在叶片上一点一点生长，最终蔓延到整个叶片。严重时，整株都会被霉菌覆盖，导致生长不良。

防治方法

枝叶过于茂密或是周围有病株时都会使病害蔓延，应尽早清除病叶和落叶，并且适度整枝和修剪，以保持良好的通风和光照。

药剂 在只长出薄薄的一层霉菌时，向整株喷洒粉锈宁。

山卫矛

中国毛斑蛾

发生时期

4～6月（幼虫）

1年发生1次。春天孵化的幼虫会群聚在叶片背面啃食，随着长大而逐渐移动到下方啃食，很可能把树木啃得光秃秃。

防治方法

该虫一旦出现，来年也会再度现身，必须特别注意。春天时要随时观察植物，发现幼虫就立即捕杀。连同叶片剪除，可以一次消灭大量的幼虫，防治效果较高。

药剂 在日本没有适合的药剂。

松树

日本松干蚧

▶ P59

发生时期

一整年（幼虫是在4～6月、10～11月）

叶片的基部和树皮的裂缝处有白色棉絮状的小虫，造成叶片黄化、枯萎。如果危害进一步扩大，除了树枝枯萎，整株也会生长不良。

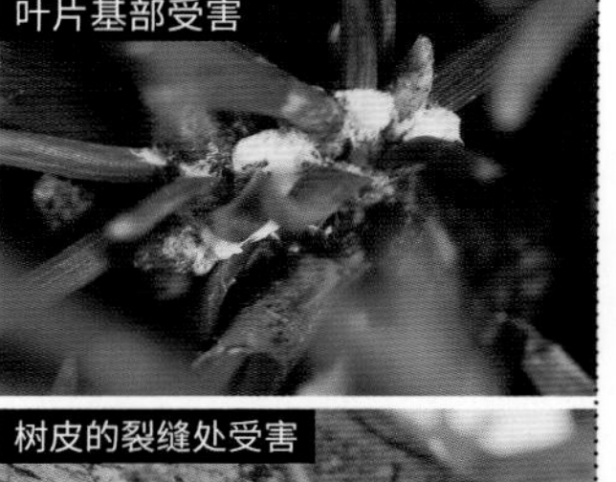

叶片基部受害

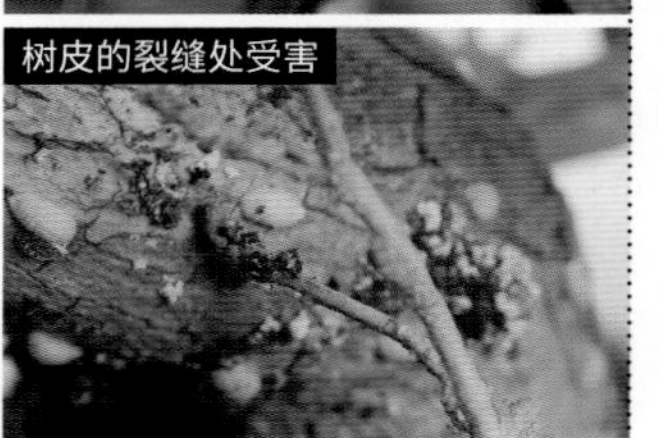

树皮的裂缝处受害

防治方法

养成观察植物的习惯，找出成团的白色棉絮状虫体并妥善处理。幼虫会潜藏在树皮底下，能否早期发现是防治关键。受害的叶片和枝条都要尽早剪除。

药剂 在幼虫刚开始出现时，向整株喷洒啶虫脒。

松材线虫

▶ P65上

发生时期

春天至秋天（松斑天牛是在5～7月）

在这种体长还不到1毫米的线形生物的食害下，叶片会急速发黄，夏天过后，整株会转为红褐色，即使是大型的树木也会枯萎。

防治方法

病源是枯萎的松枝，应立即砍下并烧毁。松斑天牛成虫是携带松材线虫的媒介，一旦发现就应该捕杀。

药剂 在松材线虫和松斑天牛出现之前，以及刚出现的时候喷洒啶虫脒。

厚皮香

厚皮香卷叶蛾

▶P70上

发生时期 5～10月

幼虫会在枝头挑选2~3片叶吐丝筑巢，然后躲在里面啃食叶片。被啃食的叶片会变为茶褐色，有碍美观。

防治方法

6～7月是虫害最严重的时期。如果发现茶褐色的叶片，就将整片叶剪下，连同里面的幼虫一并处理。害虫会化蛹，躲在叶片里越冬，所以冬天时要将受害的叶片剪除。

药剂 在日本没有适合的药剂。

炭疽病

▶P36上

发生时期 4～10月

叶片先长出黑褐色的圆形病斑，接着破裂、穿孔。每片叶都会长出好几个斑点，不会马上掉落，但严重影响到美观。

防治方法

养成观察植物的习惯，以便及早发现病害。过于茂密的枝叶必须适度修剪和整枝，以保持良好的通风与光照。

药剂 在发病初期喷洒乙霉威（替代原文中的ゲッター悬浮剂，中国无此产品）等。

珍珠绣线菊

角蜡蚧

▶P59

发生时期

一整年（幼虫是在6月～7月上旬）

身体表面包覆着蜡状物质的介壳虫。外形浑圆，体色为白色，具有角状突起。平常依附在树枝上吸食汁液。如果数量很多，其排泄物会诱发煤污病。

防治方法

养成观察植物的习惯，以便及早发现害虫。一旦找到害虫就用牙刷等清除。适度修剪长得过于茂密的枝叶，以保持良好的通风。

药剂 只在害虫数量很多时才使用药剂，以免使其天敌的数量减少。幼虫出现时喷洒矿物油或啶虫脒（替代原文中的ボルン，中国无此产品）。

绣线菊蚜

▶P56

发生时期 4～10月

体色为黄绿色，脚和触角呈黑色的小虫，习惯聚集在新梢和新叶上吸食汁液。其排泄物具有甜味，会吸引蚂蚁前来，也会诱发煤污病。

防治方法

蚂蚁为了得到蚜虫的蜜露，会保护其免于天敌的捕杀，所以如果看到蚂蚁在树上爬上爬下，表示有蚜虫的概率很高。必须定期修剪枝叶，以免长得过于茂密。

药剂 在害虫刚开始出现时仔细喷洒杀螟硫磷，连叶片的背面都不可遗漏。

果树的病虫害

以下为大家汇总了栽培难度较低的家庭果树。
在享受新鲜水果的采收乐趣之前，必须先掌握果树常见的病虫害发生特点与解决方法。

【常见于果树的病虫害】

果树如果感染病原菌，叶片和树干会出现病斑；如果遭受虫害，蝴蝶或蛾的幼虫会啃食叶片和果实。若出现因病原菌造成叶片皱缩卷曲的症状，有可能是被寄生于蚜虫等吸汁式害虫身上的病毒感染而引起。另外，吸汁式害虫的排泄物，有时候也会成为诱发煤污病的感染源。因此，平常的观察成为很重要的一环。通过仔细观察，才能确定树木的衰弱究竟是由病害还是虫害造成的。为了能及早发现异常，除了确认树干和树枝有无被钻洞，还要检查叶片，并且背面也不可遗漏。

防治病虫害的基本原则是“早期发现、早期防治”，这样就可以尽情享受采收的乐趣。图为果实累累的苹果。

梨，如果在花谢后的50～60天套袋，果皮会变得干净漂亮。

【果实套袋能防治病虫害】

果实大多是直接生食，因此农药自然是能省则省。以套袋的方式保护正值生育期的果实，不但能避免害虫入侵，也能防止病原菌附着。套袋除了能预防病虫害，也可以让果实免受强光、风雨的侵袭，甚至还有提早着色的效果，让果实呈现美味诱人的色泽。

套袋所使用的袋子是经过特殊加工而制成的，兼具透气性和保湿性，而且表面可防淋水，能够充当果实的“雨衣”，可使果实免受雨淋或药剂喷淋。袋子材料的厚度与大小等有很多种，必须依照用途来区分使用。如果选择不适用果实的袋子，防治病虫害的效果也会跟着降低，必须特别注意。

假如错过了套袋的时机，就无法达到防治病虫害的效果。除了及时套袋，也一定要将袋口牢牢扎紧，以免雨水渗入或病虫入侵。

套袋的方法

1 撑开袋子，把果实放进正中央。

2 将自带的铁丝缠绕在果柄上，扎紧袋口。

1 用防寒纱（或防虫网）将盆栽包裹起来。

2 把防寒纱固定在植株底部，以免被风吹起。

无花果

防治方法

看到成虫就立即捕杀，如果在树干或树枝上发现带木屑的洞口，就用针将里头的幼虫刺死。彻底剪除已成为害虫居住地的枯枝。

药剂 把木屑清理干净，对准洞穴喷洒二氯苯醚菊酯。

黄星天牛

▶P60

发生时期

7月～第二年4月（幼虫）、5月下旬～7月（成虫）

幼虫会潜入树枝和树干内部啃食，数量多时会造成果树枯萎。成虫有长长的触角和黄白色斑纹，主要危害树皮。

▲幼虫又名为“铁炮虫”，会啃食果树的枝叶，并栖身于此，所以一发现枯枝就立刻剪除，并清理干净。

碧蛾蜡蝉

▶P54上

发生时期 5月中旬～9月

有如披着白色棉絮的幼虫和白绿相间的成虫，会在枝叶和新梢上吸食汁液。虽然实际造成的危害很小，但有碍植物的美观。

防治方法

只要发现成虫或幼虫，一律捕杀。若有棉絮状的分泌物，可用牙刷等工具清除。通风不良和光照不足会提高虫害的发生率，必要时修剪过于茂密的枝叶。

药剂 在日本没有适合的药剂。

橄榄

天蛾（绒星天蛾）

发生时期 6～10月

大型的绿色毛虫的尾部有角状突起是其一大特征。无群聚性，但是食欲旺盛，即使只有一只，叶片也可能被啃光。

防治方法

如果在树下发现黑色的圆形颗粒状粪便，代表有幼虫存在，应将其找出来并捕杀。害虫会在落叶之间化蛹，所以要保持植株底部环境整洁。

药剂 在日本没有适合的药剂。

梅子

黑星病

▶P40下

发生时期 5～7月

果实表面出现黑色斑点，接着出现黑色霉层。除果实外，叶片也出现斑点，嫩枝出现红褐色病斑，老枝出现灰褐色病斑。

防治方法

必须修剪过于茂密的枝叶，以保持通风良好。病原菌会附着在枝叶的病斑上越冬，所以修剪下来的枝叶一定要清理干净。

药剂 在发病初期向整株喷洒乙霉威（替代原文中的ゲッター悬浮剂，中国无此产品）或苯菌灵等。

溃疡病

▶P43上

发生时期

2月至结果期

果实表面出现有如渗入墨水般的黑褐色病斑，周围呈现紫红色，病斑会逐渐凹陷或裂开。除了果实，树枝也会发病。

防治方法

清除发病的果实和枝条。果实淋雨后会提高发病率，所以应避免果实被雨水淋湿。到了冬天，将枯枝清理干净。

药剂 在发病初期向整株喷洒喹啉铜与春雷霉素的混合液。

蚜虫类

▶P56

发生时期

4～5月、9月

害虫密密麻麻地聚集在新梢和叶片背面吸食汁液，除了妨碍枝叶伸展，其排泄物也会把果实和枝叶弄得黏腻不堪，还会诱发煤污病和嵌纹病。

防治方法

能否及时发现是防治的关键，一旦发现就将害虫群聚的叶片剪除并妥善处理，才是最有效率的防治方法。日常管理时要定期修剪过于茂密的枝叶，以保持良好的通风，也不要添加过多的氮肥。

药剂 害虫刚出现时，喷洒杀螟硫磷或噻虫胺等，连叶片背面也不要遗漏。

茶蓑蛾

▶P73上

发生时期 7月～第二年5月（幼虫）

属于1年发生1次的蛾类虫害。幼虫会吐丝将收集的小树枝筑成直立式的蓑巢，躲在里面啃食叶片。严重时树枝的皮都会被啃食。

防治方法

只要发现吊在树枝上的蓑蛾就立刻消灭。正在越冬的蓑蛾比较容易被发现，但是它们会紧紧依附在树枝上，需要用剪刀剪除。

药剂 因为有蓑巢的保护，药剂防治效果不佳，所以应趁蓑巢还小时喷洒杀螟硫磷等。

柿子

斑点落叶病

▶P41

发生时期 8～10月

叶片上长出圆形或角状的病斑，不仅导致提早落叶，果实也在成熟前就掉落。该病又分为发生于夏天的角斑病和发生于秋天的圆斑病。

防治方法

病原菌会附着在落叶上越冬，所以务必将所有的落叶和落果清理干净。生长不良的果树容易发病，所以施肥和浇水都要适宜。

药剂 在5月下旬～7月上旬喷洒乙霉威与福美双的混合液（替代原文中的ゲッター悬浮剂和チオノックフロアブル，中国无此产品）。

▲幼虫会吐丝做成网状的巢，并隐身其中啃食叶片，导致叶片变为褐色、残破不堪。病叶应尽早清除。

美国白蛾

▶P62

发生时期 5月下旬～10月（幼虫）

幼虫还小时会聚集在叶片背面啃食，长大后会分散行动。当数量很多时，整棵果树都会被啃得光秃秃。

防治方法

养成观察植物的习惯很重要，最好在幼虫尚处于集体行动的时期，将其消灭殆尽。连同枝叶将网状的巢穴一并剪除，是最有效率的方法。

药剂 在虫害发生初期，喷洒乙酰甲胺磷或噻虫胺等。

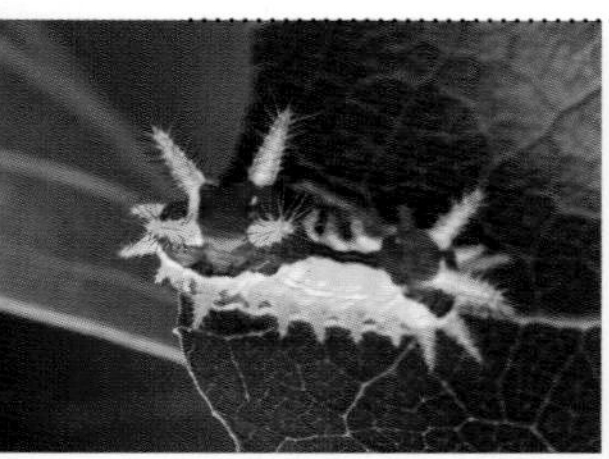

▲幼虫长有毒毛，刺入皮肤会产生剧痛感，捕杀时要特别注意。

◀从秋末到春天这段时间，它们会隐身在比鹌鹑蛋更小的茧里。在冬天落叶时容易被发现，可以利用这个时候把它们清理干净。

刺蛾类

▶P57下

发生时期 6～9月

刚孵化的幼虫会群聚在叶片背面啃食，把叶片啃得只剩表皮，使整片叶看起来发白。随着长大会分散行动，加害范围会扩及整片叶。

防治方法

利用初夏到秋天这段时间，找出集体行动的幼虫后捕杀。小心避开害虫身上的毒刺，不可直接用手接触。冬天时找出树枝上的茧，用木槌等硬物敲碎。

药剂 在幼虫开始出现时喷洒杀螟硫磷或BT菌。

卷叶虫类

▶P70上

发生时期 5～10月

这类害虫包括卷叶蛾和茶卷叶蛾，两者的幼虫都会吐丝并卷起新叶，利用2~3片叶筑巢，隐身其中啃食叶片。

防治方法

养成观察植物的习惯，以便及早发现害虫发现卷起来的叶片，若直接打开，害虫就会逃走，所以最好是直接压扁，除掉里面的幼虫。

药剂 害虫如果躲在卷起的叶片里，药剂便无法发挥作用，应在害虫刚开始出现时喷洒马拉硫磷乳剂等。

板栗

▶板栗瘿蜂会在栗树的新芽处制造出虫瘿，其幼虫潜入虫瘿中啃食植物，长大后便羽化。切开虫瘿，可以发现到里面的白色幼虫。

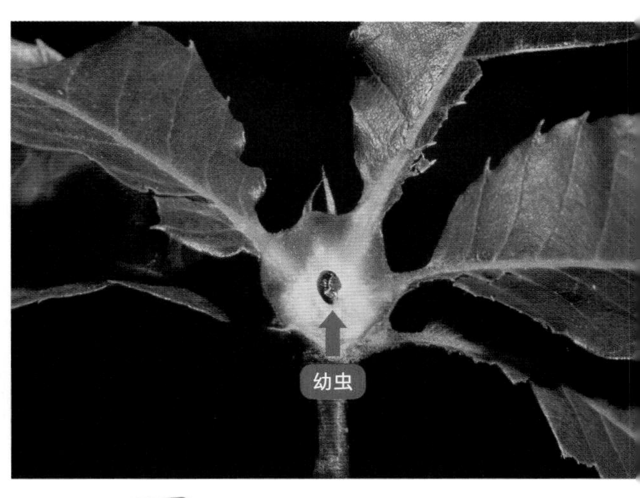

板栗瘿蜂

发生时期 6～7月（成虫）

危害症状是新芽的连接处鼓起，形成红色的虫瘿，好几只幼虫躲在其中啃食叶片，导致花芽和枝叶无法伸展。害虫数量太多时，叶片会枯萎。

防治方法

剪除有虫瘿的枝条。害虫大多会导致树枝生长不良，所以整枝、修剪和施肥等管理工作都要做好。最好选择抗性品种栽培。

药剂 在成虫从虫瘿羽化而出的初夏季节，喷洒二氯苯醚菊酯等。

板栗大蚜

▶P56

发生时期 5～10月

外形类似蚂蚁的害虫，会附着在枝条、新梢和叶片背面吸食汁液。当数量太多时，新梢会停止生长，若为幼苗则会枯萎，另外还会诱发煤污病。

防治方法

该害虫异于其他蚜虫之处在于它们是以卵块的形态越冬。如果在秋末到冬天时发现黑色卵块，就立刻消灭，或者连同枝叶一并剪下并妥善处理。通风不良会提高虫害发生率，所以要做好修剪工作。

药剂 在虫害发生初期喷洒吡虫啉（替代原文中的オレート液剂，中国无此产品）。

双黑目天蚕蛾

▶P62

发生时期 4～6月（幼虫）

低龄幼虫会群聚在一起啃食叶片，长大后则分散行动，食量也大增。如果害虫数量很多，叶片则会被啃光，只留下粗粗的叶脉。

防治方法

基本原则是“早期发现、早期防治”。平常就要养成观察植物的习惯，一旦看到幼虫就捕杀。在幼虫尚处于集体行动的时期，将其全部消灭是最有效的方法。

药剂 在幼虫刚孵化，尚保持群聚性时，喷洒杀螟硫磷或BT菌等。

柑橘类

煤污病

▶P33上

发生时期 一整年

主要症状是叶片先长出黑点，接着被犹如煤粉般的霉层覆盖，如果置之不理，霉菌会逐渐蔓延，阻碍光合作用，导致生长不良，也影响美观。

防治方法

霉菌的养分来源是蚜虫和介壳虫的排泄物，所以想办法消灭这些害虫是防治煤污病的关键。除了尽快清除病叶，也要适度修剪过密的枝叶，以保持良好的通风。

药剂 在日本没有适合的药剂，但可针对蚜虫等害虫施药。

柑橘锈壁虱

发生时期 7～9月

小到肉眼看不到的黄色螨虫，会吸食叶片和果实的汁液。如果附着在果实上，果实表面的颜色会变成介于灰褐色与茶褐色之间，而且摸起来很粗糙。

防治方法

害虫的繁殖力非常旺盛，再加上体形小而不容易察觉，所以等到发现时，往往已造成严重危害。只能尽快摘除受害的新叶和果实，防止危害继续扩大。

药剂 在虫害发生时喷洒乙螨唑等。

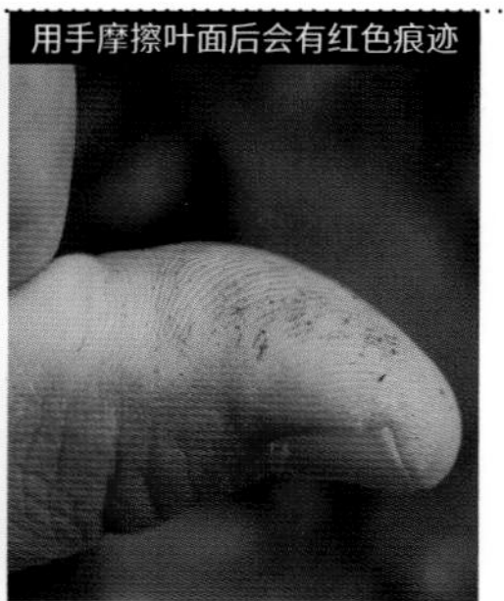

用手摩擦叶面后会有红色痕迹

柑橘叶螨（红蜘蛛）

▶P68

发生时期 5～11月

微小的红色螨虫会依附在叶片和果实上吸食汁液。遭受虫害的叶片，叶绿素会消退，最后发白、干枯；受害果实颜色变淡，失去光泽。

防治方法

该虫讨厌潮湿，喜欢高温干燥的环境，所以多发生于夏天。必须定期修剪过于茂密的枝叶，以保持良好的通风环境。此外，利用水管的强力水柱能把螨虫冲走。

药剂 在害虫开始出现时，喷洒乙螨唑（替代原文中的エアータック乳剂，中国无此产品）等。

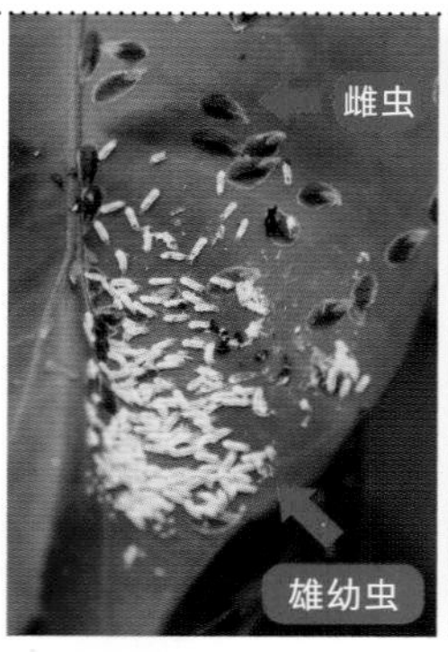

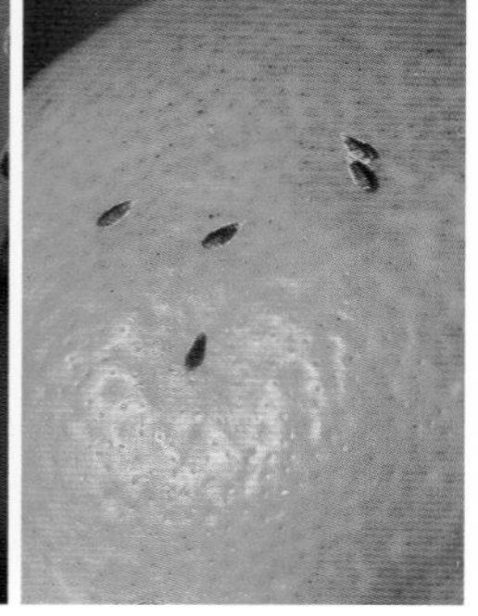

矢尖蚧

▶P59

发生时期 5～11月

雌虫背着紫褐色箭头状的外壳，以植物的汁液为食，附着在果实上，使果实看起来像长了芝麻似的黑点。外壳为白色细长状的雄幼虫，则会群聚在叶片背面。

防治方法

只要看到害虫就用牙刷刷落。如果数量很多，就连同树枝剪下并妥善处理。养成定期修剪的习，以免枝叶长得过于茂密，妨碍了通风与光照。

药剂 在虫害发生初期进行防治能得到好的效果，可于5月喷洒噻嗪酮等。

凤蝶类

▶P55上

发生时期 3～10月（幼虫）

柑橘凤蝶和黑凤蝶的幼虫会啃食叶片。虽然不会成群出现，但放任不管，叶片还是可能被吃光，果树也会变得衰弱。

防治方法

卵、幼虫、蛹都是捕杀对象。害虫的食量会随着长大而增加，所以尽量在其幼虫阶段做好防治工作，就能降低植物的受害程度。如果有成虫飞来，必须留意有无产卵。

药剂 在幼虫刚开始出现时向整株喷洒噻虫胺。

柑橘凤蝶

◀卵的直径大约是1毫米，会一粒一粒地附着在嫩叶和嫩芽上。

◀成龄树的受害率很低，被啃得光秃秃的大多是新叶很多的幼龄树。成虫可能会来产卵，所以要仔细检查叶片背面，清除产在上面的卵。

黑凤蝶

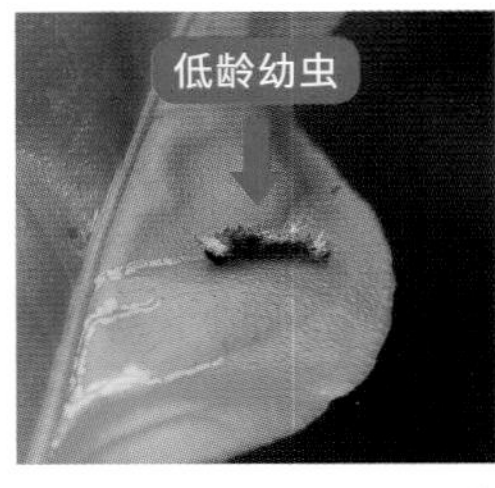

▲刚从卵孵化的幼虫为黑茶色，有白斑，体长仅有几毫米。

柑橘潜叶蛾

▶P71上

发生时期 5～11月

幼虫会潜入新叶中啃食叶肉，在叶片留下绘画般的啃食痕迹。如果受害严重，叶片会扭曲变形，最后掉落。

防治方法

为了把受害范围降到最小，必须立刻清除受损的叶片。新的枝叶生长时特别容易发生虫害，尤其是盛夏时更需要提高警觉。

药剂 在幼虫刚开始出现时向整株喷洒噻虫胺。

李子、黑布林

白粉病

▶P28

发生时期 4～11月

叶片和新芽像是被撒了面粉一样长出白色霉菌，当数量很多时，整片叶都会被霉菌覆盖，导致新芽停止生长，植株生长不良。

防治方法

剪除发病的部分后，连同落叶清扫干净，避免危害蔓延。修剪长得过于茂密的枝叶，以改善通风与光照。

药剂 在霉菌只长出薄薄一层时，向全株喷洒粉锈宁等。

囊果病

发生时期 4～6月

这种病害通常发生于花谢后的幼果，导致幼果像豆荚一样膨胀，接着被白色粉状物覆盖，然后发皱、变为褐色，最后掉落。

防治方法

最好是在幼果被白色粉状物完全覆盖前清除，越早越好，以免来年再度发病。修剪过于茂密的枝叶，以保持良好的通风环境。

药剂 若是等到发病后再处理，往往已经太迟，必须在新芽长出前喷洒福美双（替代原文中的チオノックフロアブル，中国无此产品）等。

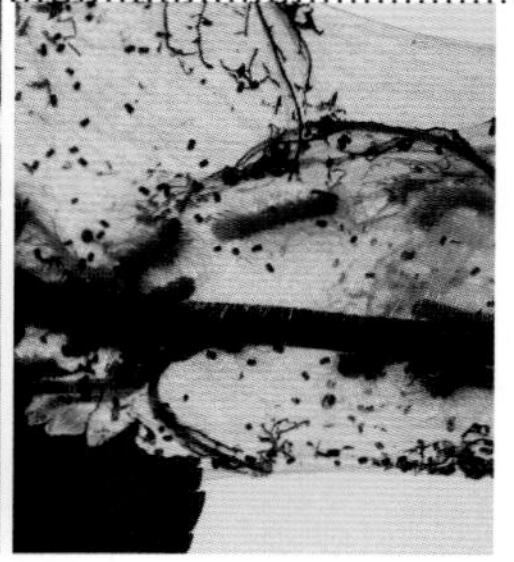

美国白蛾

▶P62

发生时期 5月下旬～10月（幼虫）

低龄幼虫会聚集在由吐丝结成的巢内啃食叶片。原本群聚的幼虫会随着长大而分散行动，造成更大的危害，甚至把叶片啃光。

防治方法

1年发生2~3次，所以要养成观察果树的习惯，一旦发现幼虫就捕杀。在害虫分散行动之前，若发现它们聚集在一起的叶片，应立刻剪下并妥善处理，就能达到好的防治效果。

药剂 在幼虫还小的时候喷洒呋虫胺等。

苹果透翅蛾

发生时期 3～10月（成虫是5～9月）

幼虫会潜藏在树皮下啃食内部，所以从树皮的裂处会流出暗褐色的粪便和胶状分泌物。病原菌还会从被啃食的部位入侵，甚至导致果树枯萎。

防治方法

3～5月是虫害发生的高峰期，可利用粪便和胶状分泌物作为标识物去寻找幼虫；也可以先清除粪便和胶状分泌物，再将细铁丝插入孔洞中刺杀害虫；或者用刀刮掉树皮，找出害虫并杀死。

药剂 在休眠期先清除害虫的粪便，再喷洒杀螟硫磷等。

梨

锈病

发生时期 4～5月

叶片表面会先长出橙色的圆形斑纹，接着叶片背面也长出许多毛状物。危害严重时，会出现叶片掉落，植株生长不良。

防治方法

发病时要立刻摘除病叶。在日常管理方面，除了留意不要直接把水浇在叶片上、定期修剪以保持通风良好，不要和会促使霉菌孢子增加的刺柏属植物混栽也很重要。

药剂　在刚开始发病时喷洒代森锰锌等。

黑斑病

▶P40下

发生时期 4～11月

幼果上会长出黑色斑点，果实随着长大而出现龟裂，最后掉落。如果发病部位是树枝和叶片，则会出现黑褐色的病斑，叶片变得歪斜扭曲。

防治方法

高温季节是发病高峰期，必须立刻清理因发病而掉落的果实和叶片。另外也必须定期修剪，以改善通风和光照环境。

药剂　在发病初期喷洒克菌丹，并在枝条的病斑上涂抹甲基硫菌灵。

舞毒蛾

▶P66下

发生时期 4～6月（幼虫）

幼虫会群聚在一起啃食叶片，因为它们会头朝下分散行动，还有吐丝的习性，所以别名“秋千毛虫”。除了叶片，也会啃咬幼果。

防治方法

在春天到初夏这段时间找出幼虫并捕杀，若找到群聚在叶片上的害虫，将整个叶片剪下，能达到较好的防治效果。冬天如果发现正在越冬的卵块，就用竹签等尖锐物戳碎。

药剂　在虫害发生初期喷洒BT菌或杀螟硫磷等。

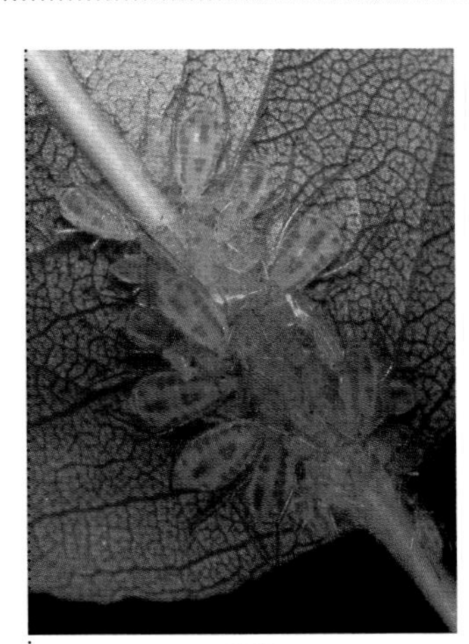

梨大绿蚜

▶P56

发生时期 5～9月

浅绿色的梨大绿蚜会沿着叶脉聚集并吸食汁液。繁殖期在初夏到盛夏间，容易导致叶片变黄、掉落。

防治方法

防治方法是一看到害虫就捏碎，若发现群聚在叶片上的害虫，就将整个叶片剪下，最为省力。吸食枇杷和厚叶石斑木的是有翅膀的个体，大约在5月时就要留意是否有害虫靠近。

药剂　在虫害发生初期仔细喷洒杀螟硫磷，连叶片背面也不可遗漏，以确保对害虫发挥作用。

葡萄

黑痘病

▶P40下

发生时期 4～7月

黑痘病是葡萄的常见病害，症状是嫩叶和果实长出黑褐色的斑点，斑点会逐渐变大，出现凹陷的小洞，甚至导致无法采收。

·防治方法·

嫩藤和卷曲的藤须也会长出病斑。应尽早清除发病的部分，连同因发病而掉落的叶片和果实一起妥善处理。修剪过于茂密的枝叶，以保持良好的通风。

药剂 在冬季的休眠期和生长期间，向全株喷洒苯菌灵等。

炭疽病

▶P36上

发生时期 5～7月

大多发病于果实成熟变色时，症状是出现红褐色的圆形病斑，最后腐烂。果实会出现黑点，溢出粉红色的黏液，在梅雨季的影响下危害会蔓延。

·防治方法·

必须将发病的果实连同长出病果的枝蔓一起剪除。修剪过于茂密的枝条，以保持良好的通风和光照。果实也需要套袋，以免被雨水淋湿。

药剂 在发芽前的休眠期、落花之后和幼果期，喷洒甲基硫菌灵等。

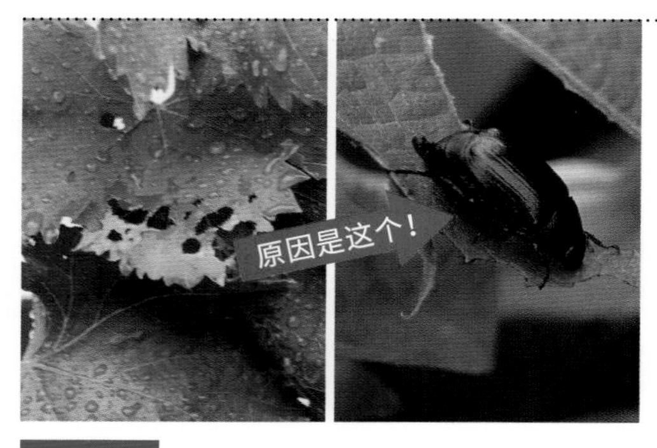

丽金龟

▶P63上

发生时期 7～9月

不断飞来的成虫会将叶片啃食殆尽，最后只留下叶脉。受害的叶片会被啃出许多小洞，如果聚集的害虫数量太多，可能连果实都无法采收。

·防治方法·

丽金龟属于夜行性害虫，大多在傍晚和清晨飞来，而白天几乎都在啃食叶片，不会到处飞行。可利用白天的时候摇晃果树，如果看到害虫掉下来就立刻捕杀。此外，为了避免果实受害，必须套袋。

药剂 在虫害刚开始发生的5月下旬～6月中旬喷洒二氯苯醚菊酯等。

【这些晶莹剔透的小珠子是什么?】

▲泌液现象不是病害。

新枝伸展后，会有圆形的颗粒，看起来像虫卵，其实这是泌液现象的结晶，多发生于植株生长处于旺盛状态下高温高湿的时候，不是所有葡萄树都会长。这不是病害也非虫害，而是树液凝固而成，对生长不会产生负面影响。

桃

褐腐病

▶P39下

发生时期 3～10月

大多发生于采收期的果实。症状是果实长出浅褐色的圆形病斑，接着长出灰色霉菌，并逐渐软化腐烂。如果在开花期发病，花朵也会腐烂。

防治方法

已经发病的果实如果留在枝头上，便会成为侵染源，所以必须立刻清除；自然掉落的果实和腐烂的花梗也必须清理干净。适度修剪过于茂密的枝叶。

药剂 发病时喷洒甲基硫菌灵或己唑醇等。

缩叶病

▶P32

发生时期 4～5月

症状是刚长出的嫩叶有如被烫伤般膨胀起来，并变为粉红色或黄绿色，卷曲萎缩，最后变黑枯萎。

防治方法

只要发现卷曲的病叶，必须立刻清除；因发病而掉落的叶片也要一并清理干净。定期修剪过于茂密的枝叶，以保持良好的通风与光照。

药剂 为了尽可能降低受害程度，在抽芽前喷洒克菌丹。

苹果

炭疽病

▶P36上

发生时期 4～11月

果实长出褐色的圆形斑点，呈凹陷状，果肉腐烂。叶片出现深褐色的圆形病斑，病斑的中心会长出黑色颗粒，最后叶片枯萎。

防治方法

摘除发病的果实和叶片，与落叶一起集中妥善处理。修剪过于茂密的枝叶，以保持良好的通风与光照。给果实套袋，以免淋到雨水。

药剂 在发病初期喷洒克菌丹。

苹掌舟蛾（舟形毛虫）

▶P62

发生时期 7月下旬～9月

群聚在叶片背面的幼虫会将叶片啃食到只剩下叶脉。红褐色的幼虫长大后会变为黑褐色并分散行动，造成更大的危害。

防治方法

将成群的幼虫连同叶片一起妥善处理。8月中旬～9月上旬是危害最严重的时期，最好在7月左右成虫产卵时，找出卵块并清理，以降低危害。

药剂 在害虫刚出现时喷洒二氯苯醚菊酯等，连叶片背面也不要遗漏。

草花、观叶植物、兰花的病虫害

为了让草花、观叶植物和兰花等，随着四季的更迭都能开出赏心悦目的花朵，需要精心养护，做好病虫害防治工作。以下为大家介绍这些植物常见的几种病虫害。

【常见于草花、观叶植物、兰花的病虫害】

草花的常见病虫害，包括叶片和新芽被病原菌侵染，叶片和花朵被蛾或蝴蝶的幼虫啃食，以及被蚜虫等吸汁式害虫为害。而吸汁式害虫会成为病毒传播的媒介，诱发嵌纹病等传染病，所以养成检查植物的习惯很重要，尤其是叶片背面不可遗漏。

每一种草花对光照、通风等环境的需求各有不同，请配合植物的需求进行调整。和其他植物一样，“早期发现、早期防治”是远离病虫害的法宝。

观叶植物和兰花，大多生长在室内或半阴处，所以容易被蚜虫、叶螨、粉虱等吸汁式害虫为害，还会诱发煤污病。天气晴朗时，如果把原本放在室内的观叶植物和兰花摆到户外，强烈的光照可能会引起日灼，日灼虽然不是病害，但是受损的部分有时候也会引发其他病害，必须多加注意。

花开后，花梗要勤加摘除。

夏天的花坛。让每一种草花在合适的环境下生长很重要。

在合适的栽培环境下培育草花

目前在市面上流通的大多数草花植物，几乎都经过人工改良，以便达到容易开花、即使淋雨也不会伤及花瓣等各种目的。人工改良的品种虽然对病虫害具备较强的抗性，但也绝非百毒不侵。例如，不耐寒的品种，必须提早移到室内，或者加上防寒罩，以便能顺利越冬；不耐湿热的植物，则必须有遮光措施，或者移到半阴处。

除此之外，花谢后，如果不及时清理花梗和枯叶，会提高灰霉病的发生率，所以一定要勤加清理。适时适量的浇水与施肥，才能让植物茁壮生长。

因霜害而导致虚弱的植株，到了春天遭受病虫害的概率会提高。虽然覆盖隧道式塑料棚是帮助植物越冬的必要措施，但是到了白天必须半掀起塑料棚，以免植物被闷坏。

放置于室内的观叶植物，时常对着叶片喷水，能够预防虫害。

施用肥料的比例控制得宜，不但有助于植物生长，也能够降低病虫害的发生率。

苏丹凤仙花

茶细螨

▶P72

发生时期 7～10月

成虫和幼虫会依附在新芽或新叶等柔嫩的部分吸食汁液，造成生长点受损及叶片萎缩等生长障碍，甚至导致无法开花。

防治方法

大多发生在高温期间，所以除了避免密植，也需要适当修剪枝叶，以保持环境凉爽。购买苗株前，记得确认新叶和新芽有无异常。

药剂 在害虫刚开始出现时，为了避免周围的植株也遭受虫害，可以喷洒灭螨猛。

柑橘黄蓟马

▶P55下

发生时期 5～10月

体形微小，有翅的成虫和幼虫都会对新叶和花产生危害，特征是花瓣会褪色，出现白色的纹路；叶片也会褪色，并长出褐色的斑点。

防治方法

市售的苗株，购买前一定要确认是否有害虫寄生。病变部分和花梗要马上清理干净。因为害虫会移动，所以草花周边的杂草也必须清除。

药剂 在害虫刚开始出现时，喷洒乙酰甲胺磷或马拉硫磷乳剂等。

茴香、莳萝

黄凤蝶

▶P55上

发生时期 4～10月

幼虫会啃食叶片，主要以伞型花科植物为食。随着长大，其食量也会增加，严重时整片叶都会被啃得光秃秃，只留下叶脉。

防治方法

有成虫飞来时要特别注意，只要发现害虫就捕杀。在幼虫长出黑绿条纹之前，大约只有鸟粪大小时防治，才能有效降低植物的受害程度。

药剂 药剂对已经长大的幼虫的防治效果不佳，必须在其发育初期喷洒 BT 菌等。

天蓝绣球

白粉病

▶P28

发生时期 4～11月

叶片和新芽像是被撒了面粉一样长出白色霉菌，如果滋生的数量很多，整片叶都会被霉菌覆盖，阻碍光合作用，从而导致生长不良。

防治方法

多发生于凉爽干燥的初夏和秋天。被霉菌感染的植株，应从底部剪除，落叶也必须立刻清除。此外，避免密植，以保持良好的通风与光照。

药剂 在霉菌只长出薄薄一层的初期，向整株喷洒百菌清等。

康乃馨

黑守瓜

▶P70下

发生时期 4～5月、7～8月

成虫的头部和腹部呈橙色，背部则是亮黑色，会啃食新芽、叶片、花朵。害虫会不断飞来，甚至把花吃光。

防治方法

铺设防虫网，以防成虫靠近。成虫在早上行动迟缓，可利用这个时段进行捕杀。和瓜科植物混栽会提高虫害发生率，所以附近不可栽种瓜科植物。

药剂 在虫害发生初期向整株喷洒杀螟硫磷等。

灰霉病

▶P39上

发生时期 4～11月

多发生于梅雨季。叶片、叶炳、花茎等处会出现水浸般的病斑，接着长出灰色或灰褐色的霉菌，最后整株都会被霉菌覆盖，并且腐烂。

防治方法

及时清除发病的部分，以免危害蔓延；花梗和枯叶也要一并清理干净。保持良好的通风与光照。不要从植株上方浇水，而是浇在底部。

药剂 在发病初期喷洒克菌丹或甲基硫菌灵等。

大丁草

白粉病

▶P28

发生时期 4～10月

叶片上长出薄薄的一层白色霉菌，最后像被撒上面粉般扩大到整个叶面。如果危害蔓延，花、新芽、花茎等处都会发病。

防治方法

发现病叶就应立刻剪除。茎叶过于茂密会提高发病率，所以要适度修剪，保持通风良好，以免植株底部过于闷热。

药剂 在发病初期向整株喷洒百菌清或己唑醇等。

非洲菊斑潜蝇

▶P71下

发生时期 6～11月

幼虫会潜入叶肉中啃食，把内部啃食成隧道状，并留下白色的线痕，妨碍美观。数量太多时，也会导致叶片枯萎。

防治方法

沿着白色线痕的前端寻找幼虫，发现时就用手指捏碎；可利用捕蝇纸诱捕成虫。购买市售的苗株时，记得不要选择已出现白色线痕的苗株。

药剂 在虫害发生初期向全株喷洒噻虫胺或卡死克等。

桔梗

黑守瓜

▶P70下

发生时期

4～5月、7～8月

头部和腹部为橙色、背部是黑色的成虫啃食叶和花，会不断聚集过来对植物造成很大的危害。幼虫则会危害根部。

防治方法

成虫会飞，因此难以防治。在气温较低的早上，成虫的行动变得比较迟缓，可利用这段时间捕杀。此类害虫偏好瓜科植物，所以不可和瓜科植物混植。

药剂 在虫害发生初期向整株喷洒杀螟硫磷。

菊花

菊小长管蚜

▶P56

发生时期 4～9月

红褐色的小虫以倒立的姿势密密麻麻地聚集在嫩叶、叶片背面、花茎等处，吸食植物的汁液。除了妨碍植物的生长，也会诱发煤污病。

防治方法

养成观察植物的习惯，只要看到害虫就捕杀。若发现群聚的害虫，直接将其栖息的叶片剪除，防治的效率较高。除了避免密植，氮肥的添加量也要适量。

药剂 在虫害发生初期喷洒杀螟硫磷等，或在植株底部施用乙酰甲胺磷。

菊虎

▶P60

发生时期 4月下旬～5月（成虫）、5月～第二年3月（幼虫）

成虫会啃食茎部，并且在上面产卵，导致茎部枯萎。在茎部孵化的幼虫会啃食其内部，有时也会导致植株枯萎。

防治方法

只要看到成虫就立即捕杀。因为菊虎产卵而受损的茎部，从其偏下方的位置剪除，销毁里面的虫卵。在成虫飞来的期间，用防寒纱覆盖植株。

药剂 在日本没有适合的药剂。

◀菊虎会危害菊科的草花和野草，可能导致新芽急速枯萎。成虫体色为黑色，有红褐色斑纹。

◀植株被菊虎产卵的部位有上下两处伤口。清除虫卵的方法是从下面伤口再稍微往下的位置把茎纵向切开，就能找到微小的黄色虫卵。

圣诞玫瑰

嵌纹病（花叶病）

▶P49

发生时期 一整年

病毒感染所引起的病害。花瓣和叶片会出现浓淡不一的色泽，叶片上的不规则纹路如同马赛克状，导致植株发育不良。

防治方法

发病后几乎无法治疗，只能拔除病株并妥善处理，关键是防治作为病毒传播媒介的蚜虫。触碰过病株的用具和手都要记得消毒。

药剂 在日本没有适合的药剂，蚜虫出现时可向整株喷洒杀螟硫磷。

黑死病

发生时期 10月～12月上旬、2～5月

到了秋天，有如柏油的黑色条状斑纹会沿着新叶的叶脉长出，最后遍布全叶，导致叶片扭曲。如果是在春天发病，花和花蕾也会出现黑斑。

防治方法

由病毒引起的病害，必须拔除病株并妥善处理，而且接触过病株的手和剪刀都要消毒。病毒的传播媒介是蚜虫等害虫，勤加除草可以减少害虫繁殖和传毒的机会。

药剂 在日本没有适合的药剂。

灰霉病

▶P39上

发生时期 4～11月

叶和茎出现宛如水浸般的病斑，并逐渐扩散，然后长出灰色霉菌，最后腐烂。危害严重时，植株会生长不良并枯萎。

防治方法

尽块清除发病的花、茎、叶，包括枯叶，以防病害蔓延。除了避免密植，日常管理时需注意保持良好的通风与光照，浇水则要浇在植物底部。

药剂 趁病斑还小时，喷洒乙霉威（替代原文中的サンヨール和ゲッター悬浮剂，中国无此产品）。

蟹爪兰

仙人掌盾蚧

▶P59

发生时期 一整年

体长为1～2毫米的白色贝壳状小虫，会群聚在叶片上吸食汁液。数量很多时，整片叶都会被覆盖，导致植株发育不良，甚至枯萎。

防治方法

发现害虫时立刻用牙刷刷落，或者将有害虫的叶片剪除。购买盆栽时记得确认有无害虫附着。

药剂 在日本没有适合的药剂。

仙客来

灰霉病

▶P39上

发生时期 10月～第二年5月

叶柄出现水浸般的小斑点，并逐渐蔓延；严重时会长出灰色霉菌，基部腐烂。花瓣也会长出小斑点，并逐渐腐烂。

防治方法

立刻摘除发病的叶梗和花。光照与通风不足会提高发病率，所以除了改善光照与通风，也不可以一次添加过多的氮肥。

药剂 发病时应趁病斑还小就向整株喷洒乙霉威（替代原文中的サンヨール和ゲッター悬浮剂，中国无此产品）。

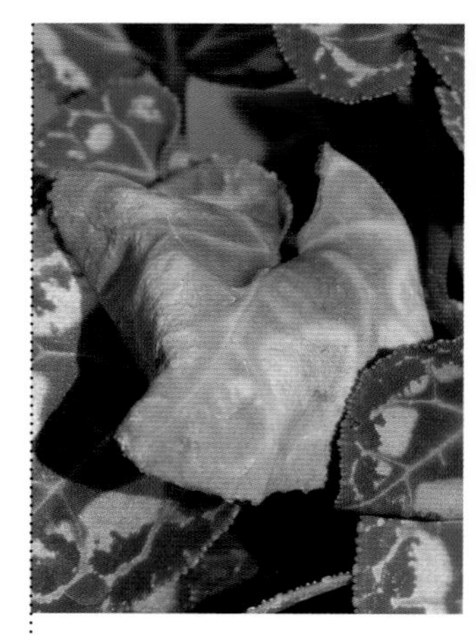

炭疽病

▶P36上

发生时期 4～11月

叶片上出现周围呈褐色但内侧是灰白色的圆形、轻微凹陷的病斑。最终，病斑中心会出现小黑点，叶片则枯萎。

防治方法

早期发现很重要，只要发现病叶和落叶，就立刻清除。改善通风与光照环境；浇水时要浇在植物底部，茎叶部分不要沾水。

药剂 在发病初期喷洒甲基硫菌灵或苯菌灵等。

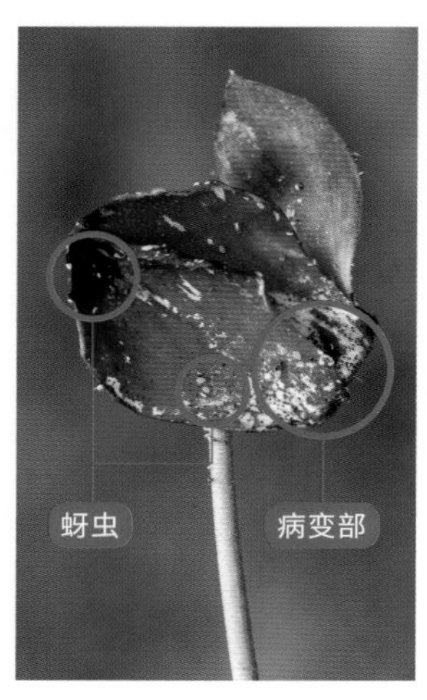

嵌纹病（花叶病）

▶P49

发生时期 一整年

由病毒引起的病害。发病时，花瓣会出现斑纹，花朵变小、畸形。叶片出现马赛克状的不规则纹路，色泽变得浓淡不均。

防治方法

拔除发病的植株，连同球根；接触过病株的手和剪刀都要消毒。病毒的主要传播媒介是蚜虫，所以要做好蚜虫的防治工作。

药剂 在日本没有适合的药剂。蚜虫滋生时，向整株喷洒杀螟硫磷等。

叶螨类

▶P68

发生时期 5～11月

黄绿色和暗褐色的小虫群聚在叶片背面吸食汁液，留下的痕迹看起来就像白色和褐色的斑点。危害严重时，整片叶都会发白。

防治方法

蚜虫讨厌潮湿，喜欢高温干燥的环境，所以如果把植物长期放置在干燥的室内，只会让蚜虫增加。时常在叶片上洒水可以防止蚜虫滋生，数量很多时，就连同叶片一并剪除。

药剂 在虫害发生初期喷洒乙螨唑或阿维菌素（替代原文中的ベニカマイルドスプレー，中国无此产品）等。

瓜叶菊

叶螨类

▶P68

发生时期 5～11月

黄绿色和暗褐色的小虫群聚在叶片背面吸食汁液，造成叶片表面的褪绿，出现一条条白色纹路。如果数量很多，花朵的数量也会减少。

防治方法

购买时选择没有病虫害的盆栽。如果有数个盆栽，盆栽之间要保持适当的间距，以利于通风。叶螨讨厌潮湿的环境，所以放在室内的盆栽要经常移到室外，并在叶片上洒水。

药剂 在害虫刚开始出现时喷洒乙螨唑或阿维菌素（替代原文中的ベニカマイルドスプレー，中国无此产品）等。

潜叶蝇类

▶P71下

发生时期 4～11月

幼虫会潜入叶肉中，把内部啃食成隧道状，留下蜿蜒的白色线痕。数量很多时，不但影响植物美观，叶片也会枯萎。

防治方法

养成观察植物的习惯，才能及时发现。一旦发现白色线痕，立刻循线找出幼虫和蛹，然后捏碎。如果数量很多，就将整片叶剪除并妥善处理。

药剂 在害虫刚开始出现时向整株喷洒呋虫胺或噻虫嗪等。

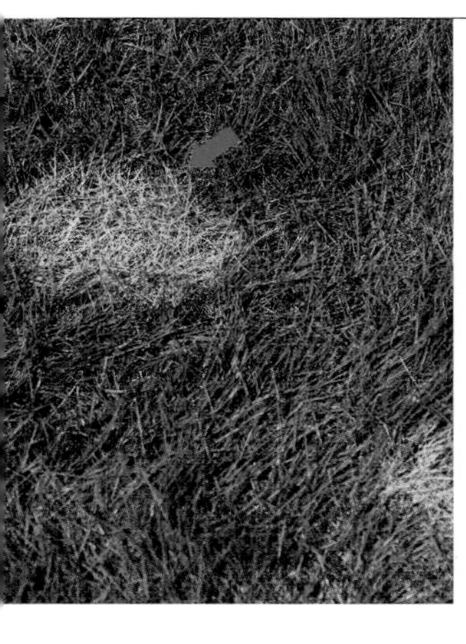

草坪

拟叶枯病（象脚印病）

发生时期

5～7月、9～11月

主要发生在梅雨季和秋天，往往是因懈怠于修剪草坪而引起。症状是出现浅褐色的圆形病斑，草坪会枯萎，但仅是表面受害。该病与褐斑病、立枯病的病原菌不同。

防治方法

草坪需按时修剪，修剪下来的草屑要集中处理，不要留在草坪内。改善排水和通风，并且适量施肥。

药剂 在发病初期喷洒灭锈胺或扑海因等。

草地贪夜蛾

▶P74

发生时期 5～10月

幼虫会啃食叶片，造成叶尖发白，属于夜行性害虫，白天大多潜伏在土中，如果太晚发现，会造成很大的危害。

防治方法

增加修剪的频率，尽量把草坪剪短，会很少有害虫出现。如果发生虫害，请在周围寻找并将其捕杀。

药剂 在幼虫刚开始出现时，为了避免危害扩大，可喷洒杀螟硫磷，使药效渗入土壤中。

紫罗兰

嵌纹病（花叶病）

▶P49

发生时期 4～5月、9～11月

花瓣上会出现条纹状斑点，皱缩卷曲，花形紊乱，且全株矮化。叶片出现马赛克状的斑驳纹路，色泽变得浓淡不均。

防治方法

立刻拔除病株并妥善处理，接触过病株的手和用具也要消毒。病毒的主要传播媒介是蚜虫，所以防治蚜虫和清除周边的杂草很重要。

药剂　在日本没有适合的药剂。在蚜虫刚出现时喷洒杀螟硫磷或噻虫嗪等。

大丽花

叶腐病

发生时期 7～11月

部分叶片变为褐色，像是被水泡过一样。病斑会逐渐扩大到整片叶，最后造成叶片腐烂。如果湿度太高，茎部会出现白色至褐色的菌丝。

防治方法

将发病的叶片和茎剪除并妥善处理。因为光照不良的环境会提高发病率，尤其枝叶交缠时，秋天危害程度会不断扩大，所以应避免密植，以保持通风与光照良好。

药剂　在日本没有适合的药剂。

黄化卷叶病

发生时期 6～9月

主要的发病部位是新叶，症状是叶片边缘出现黄化，并向内卷曲，先端皱缩。新芽无法萌发，不能正常生长发育。

防治方法

发病的叶片必须连同块茎拔除并妥善处理，以防波及周围的植株。病因是番茄黄化卷叶病毒，所以周围不要种番茄。勤加除草，保持周围环境整洁也很重要。

药剂　属于病毒性病害，在日本没有适合的药剂。

透翅蛾

发生时期 4～5月（幼虫）、9～10月（成虫）

透翅蛾的幼虫从靠近地面的茎部入侵，把内部啃食成隧道状，导致茎倒塌枯萎。另外，害虫会用丝裹住的粪便堵住入侵口。

防治方法

看到袋状的粪便就立刻清除，并用细针刺入小洞，刺杀里面的幼虫。清除杂草，保持周围环境整洁，让幼龄幼虫没有栖身之所。

药剂　4～5月在植株及其周围喷洒杀螟硫磷；向茎部的小洞注入杀螟硫磷以杀死幼虫。

天竺葵

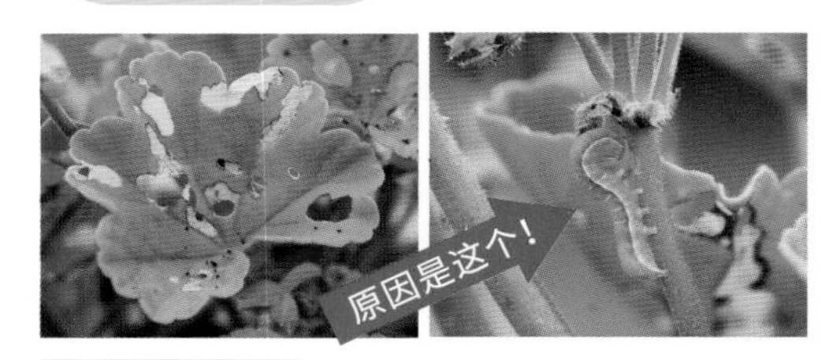

草地贪夜蛾

▶P74

发生时期 4～5月（幼虫）、10～11月（成虫）

1年发生1次。幼虫体长约4厘米，体色为绿色，有白纹，会将叶片啃出许多小洞。其食量很大，会导致叶片参差不齐。

防治方法

必须养成观察的习惯，看叶片有无孔洞。如果发现黑色粪便，立刻找出幼虫并捕杀。幼虫的体色和叶色非常相似，应注意不可遗漏。

药剂 在害虫刚出现时向整株喷洒或在植株底部施用乙酰甲胺磷。

非洲紫罗兰

粉蚧

▶P59

发生时期 一整年

被一层白色蜡状物质包裹的椭圆形小虫，有2个长条状突起物，会移动到各处吸食汁液。除了妨碍植物美观，也会诱发煤污病。

防治方法

必须养成观察的习惯，一旦发现害虫就立刻捕杀。购买盆栽时，也需仔细确认有无害虫。盆栽间宜保持适当的间隔，以保持通风良好。

药剂 喷洒噻虫胺等，可消灭尚未被白色蜡状物质包裹的幼虫。

郁金香

嵌纹病（花叶病）

▶P49

发生时期 4～5月

发病率很高的病害。花瓣会出现条纹斑，显得浓淡不均。叶片也会出现不规则纹路，整株生长不良。

防治方法

病株需连同球根一并挖出并妥善处理；接触病株的手及用具都要消毒。除了消灭会成为病毒传播媒介的蚜虫，也要挑选强健的球根栽培。

药剂 在日本没有适合的药剂。有蚜虫出现时，可在植株底部施用噻虫嗪。

棉蚜

▶P56

发生时期

12月～第二年5月

暗绿色的小虫，会群聚在叶片背面和叶柄吸食汁液。直接伤害不大，但是它们在吸食汁液时会成为病毒的传播媒介，进而诱发其他病害。

防治方法

不可一次添加过量的氮肥。因为蚜虫讨厌会发光的物体，如果是盆栽，可以在植株底部铺上铝箔纸。只要发现害虫就立刻消灭。

药剂 在蚜虫刚出现时向全株喷洒高效氯氟氰菊酯（替代原文中的ベニカXファインスプレー，中国无此产品），或是在植株底部施用噻虫嗪。

马鞭草

白粉病

▶P28

发生时期 4～10月

叶片上生有面粉般的白色霉菌，最后整株都会被霉菌覆盖。白色粉状的病原菌孢子会扩散传播。

防治方法

茎叶过于茂密、周围有病株尚未拔除，都会增加发病率。除了清除发病部分，也应适度摘心，以保持良好的通风与光照。氮肥也要适量添加。

药剂 在只有薄薄一层白色霉菌时，向整株喷洒己唑醇等。

叶牡丹

菜青虫（菜粉蝶）

▶P54下

发生时期

9～11月（幼虫）

幼虫会啃食叶片，并在上面啃出许多孔洞。其食量会随着长大而增加，如果置之不理，叶片会被啃得只剩下叶脉，失去观赏价值。

防治方法

要留意有无成虫飞来，覆盖防寒纱可以防止成虫靠近。如果有叶片被啃出小洞或出现粪便时，仔细检查叶片背面，一旦发现卵、幼虫或蛹，立刻消灭。

药剂 在害虫刚出现时向整株喷洒卡死克，或在植株底部施用乙酰甲胺磷。

樱草

灰霉病

▶P39上

发生时期 4～5月

叶片和基部出现水浸状的病斑，逐渐发霉、腐烂。若是在开花期发病，花瓣会褪色，整朵花都会腐烂。

防治方法

立刻清除发病的花和叶片，容易沾染病原菌的花梗和枯叶也要勤加清理。保持良好的通风与光照，也尽量保持环境干燥，浇水时要浇在植物底部。

药剂 在发病初期向整株喷洒扑海因（替代原文中的ベニカXファインスプレー，中国无此产品）或乙霉威（替代原文中的ゲッター悬浮剂，中国无此产品）等。

秋海棠

白粉病

▶P28

发生时期 4～11月

起初叶片上长出微小的白色圆形霉菌，接着整个叶片都会被霉菌覆盖，像被撒了面粉一样。若放任不管，危害会扩大。

防治方法

霉菌的孢子会随风扩散，所以应及时清除发病部分。植株间及盆栽间都要有充分的间隔，以保持良好的光照与通风。

药剂 在只长出薄薄一层白色霉菌时，向整株喷洒粉锈宁（替代原文中的ベニカXファインスプレー，中国无此产品）等。

三色堇

灰霉病

▶P39上

发生时期 4～6月

在多雨的时节易发生。花瓣会出现水浸般的褐色斑点，而且逐渐被灰色霉菌覆盖，最后腐烂。叶片和茎部也会发病。

防治方法

立刻摘除发病的叶片和花，避免病害蔓延。植株间保持适当的间隔，以维持良好的通风和光照。平常除了勤加摘除花梗和枯叶外，浇水时记得要浇在植株底部。

药剂　在发病初期向整株喷洒腐霉利或乙霉威（替代原文中的ゲッター悬浮剂，中国无此产品）。

瓦伦西亚列蛞蝓

▶P67下

发生时期 4～6月、9～11月

该蛞蝓属于外来种，通常在夜间活动，白天则潜伏在花盆底下或石头下。会把花蕾、花和叶片咬出许多小洞，严重影响植物的美观。

防治方法

蛞蝓喜好潮湿处，所以在落叶底下和潮湿处等出现的概率较大。晚上8:00以后是其出没的时段，在此时出击，捕杀概率较高。植株底部要整理干净，以免成为它们的藏身之所。

药剂　选择没有下雨的傍晚，在植株周围撒施四聚乙醛。

▲1年会发生4~5次，从春天到秋末都会看到成虫的踪影。

斐豹蛱蝶

▶P62

发生时期 4～11月

幼虫的体长3～4厘米，体色为黑色，带有一条红色纹路，会一边移动一边啃食叶片。除了三色堇，也以其他堇菜科的植物为食。

防治方法

在植株还没被啃光前找到幼虫并捕杀。定植后为植株覆盖防虫网，以防成虫飞来产卵。如果有成虫在飞，要仔细检查叶片。

药剂　在日本没有适合的药剂，可使用对鳞翅目幼虫有效的氟虫双酰胺。

萱草

蚜虫类

▶P56

发生时期 5～11月

身体被覆一层白色蜡状物质的大型蚜虫，会群聚在花蕾、茎和叶片上吸食汁液，不但导致植物生长衰弱，也会诱发煤污病和病毒病。

防治方法

蚜虫的繁殖速度很快，所以必须养成检查植物的习惯，才能及时发现。若发现群聚的蚜虫，就连同叶片一并摘除，这样防治的效率比较高。另外不可施用过多的氮肥。

药剂　在蚜虫刚出现时向整株喷洒高效氯氟氰菊酯（替代原文中的ベニカXファインスプレー，中国无此产品），或是在植株底部施用噻虫嗪。

景天、圆扇八宝

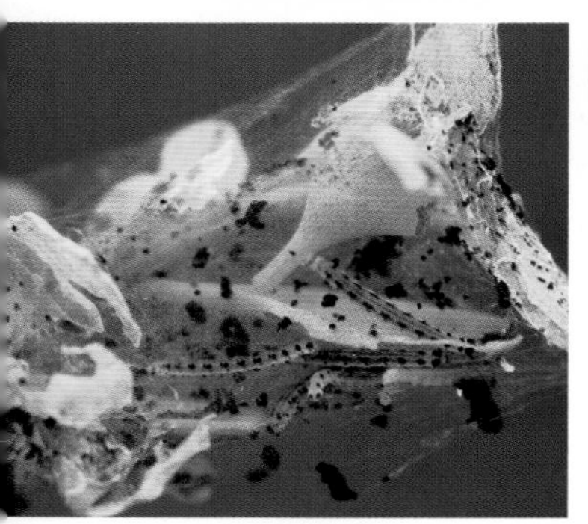

巢蛾

发生时期 4～7月

其幼虫会像蜘蛛一样吐丝筑巢，并躲在巢里蚕食叶片，最后整株都会被白丝覆盖，等到发现时，往往叶片已被啃光。

防治方法

防治的关键是及早发现，所以平常要养成观察植物的习惯，只要发现幼虫就立刻捕杀。幼虫具有群聚性，所以如果连巢一起清除，防治效率会更高。平常要勤加除草，并保持植株底部整洁。

药剂 在日本没有适合的药剂。害虫刚出现时，可在植株周围施用除虫脲。

小杜鹃

琉璃蝶蛱

▶P62

发生时期 6～8月、10月

幼虫的身体有刺状突起，整个幼虫期会依附在叶片背面啃食。到了夏天，食量大增，整株都会被啃光，只留下茎。

防治方法

趁植株还没被啃光前，设法找到幼虫并捕杀。给植株罩上防虫网，以防成虫飞过来产卵。

药剂 在日本没有适合的药剂，可使用对鳞翅目幼虫有效的氟虫双酰胺。

凤仙花

白粉病

▶P28

发生时期 6～10月

叶片上长有面粉般的霉菌，会逐渐扩大到整个叶片，症状严重时，叶片会枯萎。在开花期，花也会受害，整体发白。

防治方法

当周围有病株时，会使病害蔓延，所以必须尽早清除发病的部分。避免密植，以保持良好的通风和光照，氮肥的施用也要适宜。

药剂 在发病初期向整株喷洒粉锈宁（替代原文中的サンヨール，中国无此产品）或己唑醇。

双线条纹天蛾

发生时期 6～10月

幼虫啃食叶片，在长大后，啃食量变得很惊人，即使单独一只也能将叶片啃光，只留下茎。

防治方法

这种幼虫的背部有白色条纹，侧面则是有如眼睛的斑纹。防治的关键是早期发现，所以检查叶片背面时，只要发现幼虫就捕杀。大颗的黑色粪便也是判断的有利依据。

药剂 在日本没有适合的药剂，可使用对鳞翅目幼虫有效的高效氯氟氰菊酯。

矢车菊

白绢病

▶P33下

发生时期 5～8月

和地表接触的部分会长出水浸般的斑点并变为褐色。叶片先枯萎，最后整株倒伏、腐烂。茎接触地表的部分和周围地面出现有如绢丝的霉菌。

防治方法

发现病株，就立刻连同周边的土壤挖出并妥善处理。避免密植与连续栽种，保持良好的通风与排水；使用腐熟的堆肥。

药剂 在发病初期，把氟酰胺喷洒在植株与其周围的土壤上，使药剂渗透进去。

百合

病毒病

▶P48

发生时期 4～9月

对百合而言是非常棘手的病害。叶片会出现色泽浓淡不一的斑纹，有如嵌纹病的症状，也会出现卷曲或萎缩，导致生长不良。

防治方法

病毒的传播媒介是蚜虫，所以利用防虫网以防止其飞来，便能降低发病率。病毒会残留在土壤中，故清除病株时，要连同球根和周围的土壤一并挖出并妥善处理。

药剂 在日本没有适合的药剂。蚜虫出现时可喷洒烯啶虫胺（替代原文中的ベストガード，中国无此产品）等。

隆顶负泥虫

▶P70下

发生时期 5～6月

成虫也会啃食植物，不过危害最大的还是幼虫，它们会裹着粪便，依附在新叶的背面和花蕾等处，从叶尖开始啃食。会导致花蕾变得残破不堪，无法开花。

防治方法

看到成虫就捕杀，若有橙色的卵就立即清除。如果出现裹着泥土的幼虫，就连同叶片一起剪除。冬天时成虫会待在杂草丛中越冬，所以必须勤加除草。

药剂 在日本没有适合的药剂。

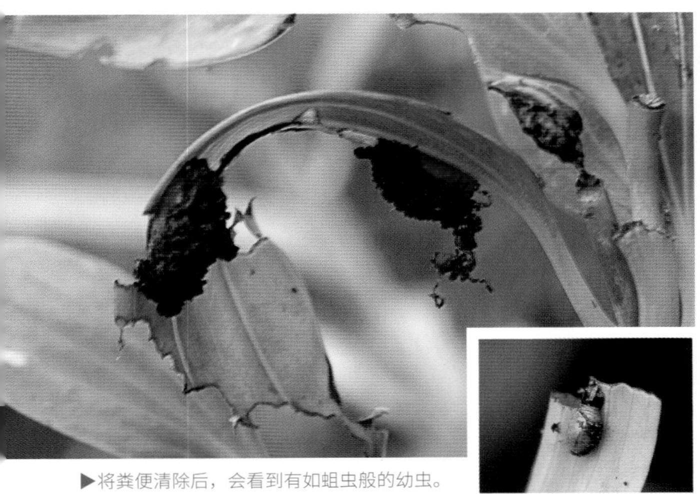

▶将粪便清除后，会看到有如蛆虫般的幼虫。

◀卵为橙色椭圆形

◀红褐色的成虫体长为8～10毫米，一被触碰就会掉落地面。

常春藤

蚜虫类

▶P56

发生时期 4～11月

蚜虫类尤其容易在冒新芽的时候出现，成群的小虫会聚集在叶片背面吸食汁液，导致叶片卷曲、萎缩，抑制植物生长。其排泄物会诱发煤污病。

防治方法

应养成平常观察植物的习惯，以便能早期发现。如果发现成群的害虫，就连枝叶一同剪除，防治效果会更好。适当修剪枝叶，以保持通风良好。

药剂 在蚜虫刚开始出现时向整株喷洒高效氯氟氰菊酯（替代原文中的ベニカＸファインスプレー，中国无此产品），也可在植株底部施用噻虫嗪。

粉虱类

▶P63下

发生时期 5～10月

白色的成虫和幼虫会群聚在叶片背面吸食汁液。碰触植物时，成虫就会飞起来，有如漫天的粉尘。它们的存在不但会抑制植物的生长，也会诱发煤污病。

防治方法

如果植物放置在温暖的室内，一整年都可能会发生。防治的关键是早期发现；除了喷洒药剂，没有其他的防治方法。购买盆栽前，应选择没有虫害的。

药剂 在虫害刚发生时向全株喷洒烯啶虫胺（替代原文中的ベストガード溶液，中国无此种药剂），或是在植株底部施用噻虫嗪。

变叶木

叶螨类

▶P68

发生时期 5～11月

体形非常小的虫子，群聚在叶片背面吸食汁液，在叶片上留下白色斑点。数量很多时，会像蜘蛛一样在叶片吐丝结网。

防治方法

叶螨的繁殖力很强，若是在干燥温暖的室内，一整年都会出现。因为叶螨讨厌潮湿，所以在它们刚开始出现时，若把盆栽拿到室外，用强力的水柱向叶片洒水，便可以降低受害程度。

药剂 当叶螨数量太多时，药剂的效用会降低许多；可以在虫害发生初期喷洒乙螨唑。

橡胶树

炭疽病

▶P36上

发生时期 4～11月

叶片会出现褐色的凹陷病斑，病斑上会出现轮纹，中心则出现粒状的黑点。叶片也会枯萎掉落。

防治方法

如果植物被冷风等吹袭而导致发育不良时，有可能会发病。发病的叶片要立刻摘除。平常需注意不要把水洒到叶片上。

药剂 在发病初期向全株喷洒乙霉威（替代原文中的ゲッター悬浮剂，中国无此产品）或苯菌灵等。

虎尾兰

细菌性软腐病

发生时期 3～10月

由细菌引起的斑点病，症状是在叶片基部等部位出现水浸或油浸般的不规则病斑，由褐色变为暗褐色，最后腐烂。

防治方法

出现腐烂情形后就不可能恢复原状，所以必须尽快剪去长有病斑的叶片，以降低危害程度。湿度高的环境会提高发病率，若是 5～9 月放置于室外时，要避免被雨水淋到。

药剂 在发病初期喷洒乙霉威（替代原文中的ダコニー悬浮剂，中国无此产品）或百菌清等。

虾脊兰

桃蚜

▶P56

发生时期 4～11月

体色为浅淡黄色至红色及绿色的小虫，群聚在叶片背面和花朵上吸食汁液，造成植物的生长衰弱。此外还会诱发煤污病，成为病毒性病害的传染媒介，非常棘手。

防治方法

害虫繁殖的速度很快，早期发现是防治的关键。只要看到害虫就捕杀，最好能将带有整群害虫的叶片都剪除，效果会更好。另外要保持良好的通风。

药剂 桃蚜开始出现时，在植株底部施用噻虫嗪。

卡特兰

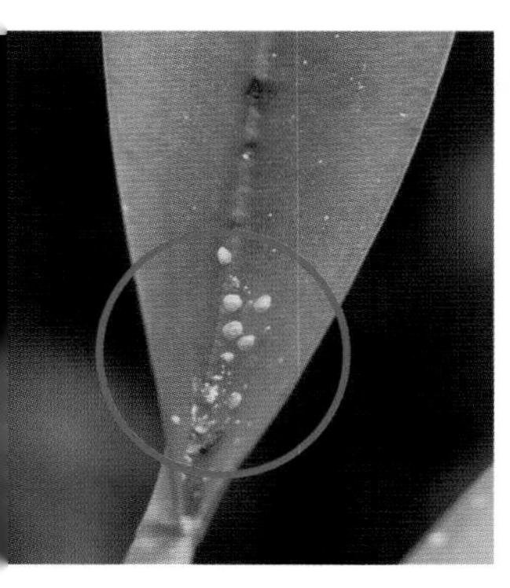

兰白蚧

▶P59

发生时期 一整年

圆盘状的白色害虫寄生在假球茎和叶柄的空隙间吸食汁液，不仅会造成植物的生长衰弱，其排泄物也会诱发煤污病，影响美观。

防治方法

平常就要养成观察植物的习惯，如果看到有白色外壳的害虫，可以用牙刷刷落。除了保持良好的通风，在生长期也要注意湿度，避免过度干燥。

药剂 刷落害虫后，向全株喷洒杀螟硫磷或马拉硫磷乳剂等。

石斛兰

叶斑病

▶P40下

发生时期

3～7月、秋雨季

在秋雨季叶片的表面出现小黑斑，其周围变为褐色。斑点会逐渐增大为圆形病斑，叶片也会枯萎。

防治方法

发病的叶片必须立刻剪除。在多雨闷热的季节容易发病，所以盆栽之间要保持适当的距离，保持通风良好，以防闷热。

药剂 趁斑点还小时，先剪除发病的叶片，再喷洒百菌清等。

蕙兰

黑斑病

▶P40下

发生时期 4～10月

由真菌引起的病害，多发生于高温多雨的季节。叶尖部分出现黑色斑点，病、健部分界很明显。

防治方法

发病叶片应立刻摘除。为了避免下雨或浇水时，泥水会飞溅到叶片上，最好把植物放置在距离地面50～60厘米高的台子上，而且盆栽间要保持适当的距离。

药剂 在容易发病的6月和9月，或是在发病初期喷洒克菌丹等。

棉蚜

▶P56

发生时期 11月～第二年4月

花蕾变大时，暗绿色的小虫会成群地吸食汁液，不但妨碍植物生长，其排泄物也会诱发煤污病。

防治方法

如果植物是放在室内，到了冬天会常发生此类虫害。平常要养成多观察植物的习惯，一旦发现害虫就立刻消灭。盆栽之间要保持适当的间隔，并保持良好的通风。

药剂 在虫害发生初期向全株喷洒啶虫脒与甲基硫菌灵的混合溶液（替代原文中的モスピラン·トップジンMスプレー，中国无此产品）等。

蝴蝶兰

灰霉病

▶P39上

发生时期 4～6月、10～11月

花瓣出现褐色和白色的小斑点，而且斑点会越长越多，导致花瓣开始腐烂，最后长出灰色的霉菌。若经常发病，会对生长造成不良的影响。

防治方法

如果冬天的室内比较暖和，该病也会发生。一旦长出霉菌，就会借由喷出的孢子传播蔓延，所以只要发现病花，就要立刻摘除。浇水时不要浇在花上，要浇在植株底部。

药剂 在开花前和发病初期，向整株喷洒甲基硫菌灵或乙霉威（替代原文中的ゲッター悬浮剂，中国无此产品）等。

软腐病

▶P46

发生时期 5～10月

起初是叶片和接触地表的部分长出水浸般的斑点，最后宛如溶化一样腐烂，并发出恶臭味。几乎无法遏止症状恶化，严重时整株会枯萎。

防治方法

植株底部发病时，应从盆里将其拔出，连同水苔一起移走。浇水量必须适宜，以免环境的湿度变得太高；氮肥施加少量就好，并把植株放置在通风良好之处。

药剂 如果是在发病初期，可先剪除病叶，然后再喷洒噻菌铜等。

第5章

安心又安全！

农药的种类和使用方法

农药使用的要点

即使认真做好日常管理工作，还是很难完全杜绝病虫害的发生。悉心照料的蔬菜无法收获、无缘看见期待已久的开花盛况等，都是在所难免的遗憾。为了不让这样的遗憾一再上演，大家一定要懂得在必要的时候使用农药。农药都必须先取得国家登记许可证，才可生产和销售。只要针对植物的症状选择合适的农药，并以正确的方式使用，就可以解决问题。

1 何谓农药

根据中国《农药管理条例》，农药是指用于预防、控制危害农业及林业的病、虫、草、鼠和其他有害生物，以及有目的地调节植物、昆虫生长的化学合成或者来源于生物、其他天然物质的一种物质或者几种物质的混合物及其制剂。

农药的种类很多，按主要用途分类可分为杀虫剂、杀螨剂、杀鼠剂、杀软体动物剂、杀菌剂、杀线虫剂、除草剂、植物生长调节剂等。用来防治病虫害的药剂种类繁多，应选择经国家核准登记的农药产品。

农药商店

农药商店出售的药剂种类有很多。先弄清植物所患的是病害还是虫害，对症下药最重要。

2 不使用未经登记的农药

基于考虑作物的安全性，以及农药操作者的健康和环境保护，不要购买来路不明或国家已公告禁止使用的农药，并且使用时也要采用正确方法。

市面上也可能有存在安全隐患或是认定上仍处于保留状态的种类，因此请大家务必只选择有核准登记的农药，相关信息可于农业农村部的"中国农药信息网"查询（网址：http://www.chinapesticide.org.cn/hysj/index.jhtml）。

农药商店

为了与一般家用农药区别开来，剧毒农药都是放在上锁的柜中存放。

3 详读农药包装上的标示，若有不明白之处，须向厂商确认

即便是看似差异不大的番茄和樱桃番茄，也各有适合的药剂，并非全部都能共用。所以使用任何农药前，务必仔细阅读标示或说明书，如有不明白之处或想进一步了解，可咨询厂商。

不能忽视包装上的标识

使用前应详读农药包装上的标示，包括农药的适用作物、使用量、稀释倍数、使用时期与次数、施药间隔、最后一次施用后到采收的间隔天数（安全间隔期）等注意事项，须严格遵守。

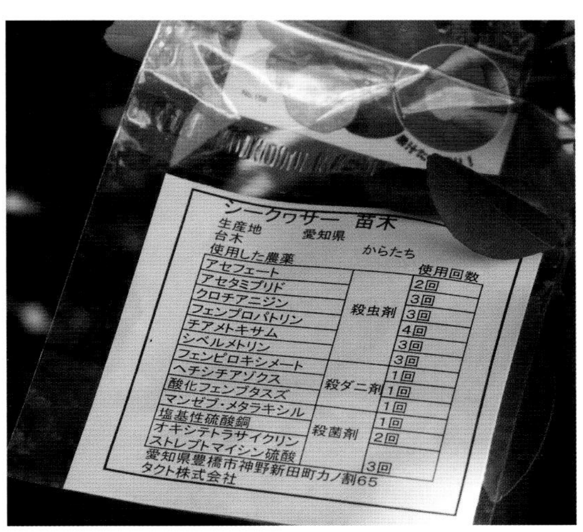

在日本，市售的苗木也会附带标签，标明使用的药剂和使用次数等信息。

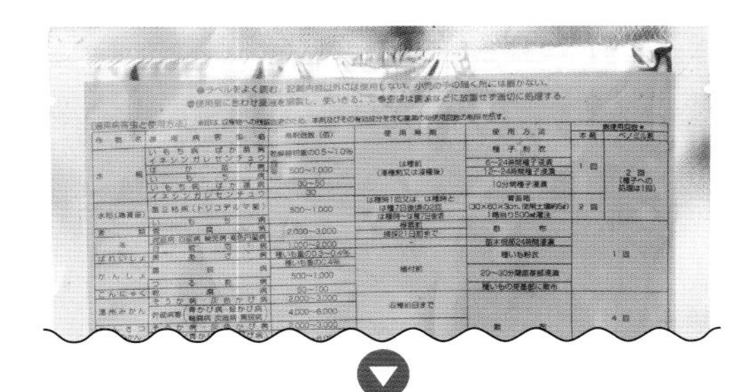

稀释倍数	1000 1000～1500
使用时期	收获前10天为止
使用方法	喷洒
总使用次数	3次
植物名称	甘蓝
有效期限	14.12

稀释倍数
依照记载的稀释倍数使用。喷洒剂和烟雾剂以原液使用，粒剂记载的是以面积为单位的分量。

使用时期
如发生初期、定植期、生育期等，以及须在收获的几天前停止使用等。

使用方法
喷洒、灌注、与土壤混合、球根浸泡等该药剂的用法。

总使用次数
在该年直到收获为止的总使用次数。以庭木和果树而言是1年可使用的次数。“—”表示没有限制。

植物名称
适用的植物名称。有时也会以花木类、观叶植物类等分类标示。

有效期限
质量保证期，标示出公元年份的末两位数和月份。如果已过有效期限，请勿使用。

农药的种类

就像我们受伤或生病时需要用药物治疗一样，当植物遭受病虫危害时，选择植物专用的杀虫剂或杀菌剂，也是最根本的防治方法。

【天然药剂与化学药剂】

近年来，随着人们有机栽培和无农药使用的意识高涨，不以化学合成物质作为成分的天然药剂也增加了，包括以除虫菊、菜籽油、淀粉等天然素材和食品添加物为主要成分的药剂、利用苏云金杆菌等微生物作用所开发的 BT 菌剂等，都是对人体没有安全隐患、对环境也友好的天然药剂，其中有些是符合有机 JAS 认证的，适合用于有机栽培。尤其是 BT 菌剂，属于对害虫有胃毒作用的杀虫剂，只会对菜青虫、夜盗虫等特定种类造成杀害，对其他生物而言毒性很小，也没有损害人体健康。

适合蔬菜类的农药，直到收获前一天都可以照常使用的种类不少，对于家庭菜园而言相当方便。不过和化学药剂相比，喷洒天然药剂无法让害虫马上死亡，所以在害虫出现时，一定要仔细喷洒，避免让害虫有苟延残喘的机会。

不论选择的是天然药剂，还是以化学合成物质制成的传统农药，都必须以正确的方法安全使用，才能不损害农药喷洒者的健康，也不会因植物残留过多药剂而危及周围环境。

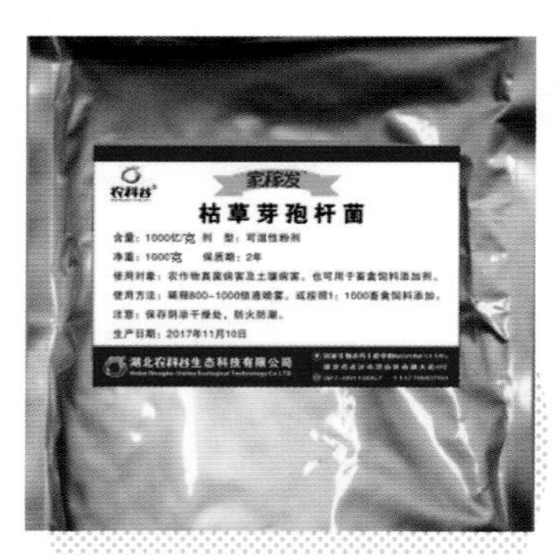

枯草芽孢杆菌可湿性粉剂

新型生物杀菌剂。本药剂对水稻稻瘟病、马铃薯晚疫病、棉花黄萎病等有较好的防治效果。

苏云金杆菌可湿性粉剂

以存在于自然界的苏云金杆菌为有效成分，让害虫食用的微生物杀虫剂。可以击退毛虫、粉虱和夜盗虫。

触杀性药剂

以食用性淀粉为有效成分的杀虫剂，具备防治叶螨等害虫的效果。

【杀虫剂与杀菌剂】

消灭害虫的杀虫剂、防治病害的杀菌剂、可同时防治病虫害的杀虫杀菌剂等，各式各样的药剂都是依照使用目的而被制造出来，所以在使用前，务必明确目的再使用。

杀虫剂

防治害虫的药剂有很多，依照药剂的作用方式，分为以下几种。

触杀性药剂

直接喷洒在害虫或叶、茎上，让害虫接触药剂以达到防治效果。属于速效性药剂，可用于想立即消灭害虫的时候。重点是必须让害虫与药剂接触，所以要均匀地喷洒在整株植物上。

物理性防治剂

喷洒的药剂会包裹害虫的身体，使其窒息而死。舍弃化学合成物质，而是采用天然与环保成分的物质，是对人类和环境友好的天然药剂，如矿物油。

内吸性药剂

喷洒在植株基部或植物上的药剂，首先是由根部或叶片吸收，再逐渐转移到植物体内，从而消灭危害植物的害虫。属于缓效型药剂，能够长时间发挥效用。

胃毒剂

喷洒在植物上，待害虫吃下有药剂附着的茎或叶后，便会丧命的杀虫剂。包括以害虫喜欢的食物为饵，混入杀虫剂以达到杀害效果的诱杀剂用来防治蛞蝓、夜盗虫、地老虎等夜间出没的害虫很方便。

杀菌剂

把杀菌剂直接喷洒在感染病原菌的植物部位，使其发挥效用。根据药剂发挥作用的原理大致可分为 3 种。杀菌剂可作为预防性地喷洒以防止病原菌入侵，或者抑制病原菌的繁殖，但是无法修复已经受损的部位。

治疗性杀菌剂、保护性杀菌剂

前者是直接把杀菌剂喷洒在已感染病原菌的叶和茎上，达到杀菌的效果；后者则是于发病前喷洒，以防止病原菌从伤口等处入侵。有许多产品兼具两者的特性。

内吸性杀菌剂

让喷洒的药剂渗透入植物体里以防病原菌入侵。对于已经被病原菌入侵的植物，该药剂也可发挥效用。

抗生素类药剂

这是一类利用抗生素的作用抑制病原菌活性的药剂。

杀虫、杀菌剂

添加杀虫和杀菌成分的药剂，用于防治虫害和病害同时并发等场合。病害和虫害的不同之处在于难以早期发现，当难以判断是虫害还是病害时，可选择杀虫杀菌剂。

触杀性药剂

喷雾剂和烟雾剂，都是能直接作用于害虫的触杀性药剂。

内吸性药剂

撒在植株基部和种植穴内的粒剂，会让药效逐渐渗透入植物体内而发挥效用。

胃毒剂

吸引害虫靠近并食入的诱杀剂，也属于胃毒剂的一种。

【依使用形式做区分的药剂】

按不同的使用形式，药剂可分为好几种剂型，这些剂型又大致分为“可以直接使用的剂型”和“必须先用水稀释再使用的剂型”，各有其优点和使用时的注意事项，请大家依照喷洒面积和目的等选择使用。

可以直接使用的剂型

喷雾剂

直接喷洒的类型，只要按下按钮，药剂就会喷洒出来，通常用在盆栽等小型植物上，但如果是大范围的阳台或庭院，则可以储备多些，以备不时之需。

喷液剂

把药剂装入手持喷雾器中，即使对着叶片近距离喷洒，也不会造成冷害，是一种直接喷洒的剂型，但是药剂量有限，只适合用于盆栽等小型植物。

粉剂

粉状的药剂，可以在施用后进行检查，防止用药不均，缺点是施撒的场地会变脏。另外，如果集中用在某一处，有可能产生药害，所以必须特别注意。

粒剂

颗粒状的药剂，适合用于株型较矮的植物。可以直接施撒，但要散布均匀，不可集中在某一处。拌土的效果会更好。长效型的产品很多，而且不容易飞散到周围也是其另一项优点。

锭剂

尺寸比粒剂大一点，用来驱除蛞蝓、地老虎等夜行性害虫的效果显著。在植物尚未受害前使用，也能达到预防的效果。必须注意防止孩童或者猫、狗等宠物误食。

必须先用水稀释再使用的剂型

乳剂、液剂

液体型的药剂，在水中添加少量药剂就能制造大量药液，便于大面积喷洒。为了避免药液浪费，每次使用前必须准确调配所需的用量，而且是当天用完。乳剂溶于水会变成白浊状，但不会变得浑浊，因为没有添加乳化剂。喷洒时，把药液装进喷雾器即可。

悬浮剂

粉状或颗粒状的药剂，先用水溶解再使用。只需少量药剂就能制造大量药液，所以适合用在大面积的栽培场地。但是不能长时间存放，每次使用前必须调配所需的用量，而且是当天用完。稀释时若加入展着剂，效果会更好。喷洒时，把药液装进喷雾器即可。

喷液剂

非压缩气体类的喷雾型药剂。适合近距离局部、重点式喷洒，不必担心会产生冷害。

喷雾剂

填装高压气体和药剂的罐装药剂。用法简单，喷洒前先摇匀罐身，但必须和植物保持 30 厘米的距离，否则会产生冷害。

乳剂、液剂、悬浮剂

以水稀释后用喷雾器喷洒的药剂类型。使用时，只需少量就能喷洒大片面积，十分经济实惠，但务必按照标示的倍数稀释。

【有效成分与使用标示的解读】

药剂在病虫害的防治上可发挥很大的作用，但如果使用方法不当或选错种类，不但达不到防治效果，反而会危害植物与环境。为了达到安全又有效的用药，使用前务必详读农药包装上的标示。

农药除了“商品名”，还有“通用名”。所谓的通用名，是农药产品中产生作用的活性成分的名称，即农药产品的有效成分名称。只要农药通用名相同，即使商品名不一样，也基本上一样。若农药的有效成分相同，但剂型不同，用法会不一样，因为每一种剂型各有不同的制法和商品名，其适用的植物也随之改变。所以，在用药前必须掌握药剂的特性和作用效果，才能以正确的方法使用。

详读农药包装上的标示以确保安全使用

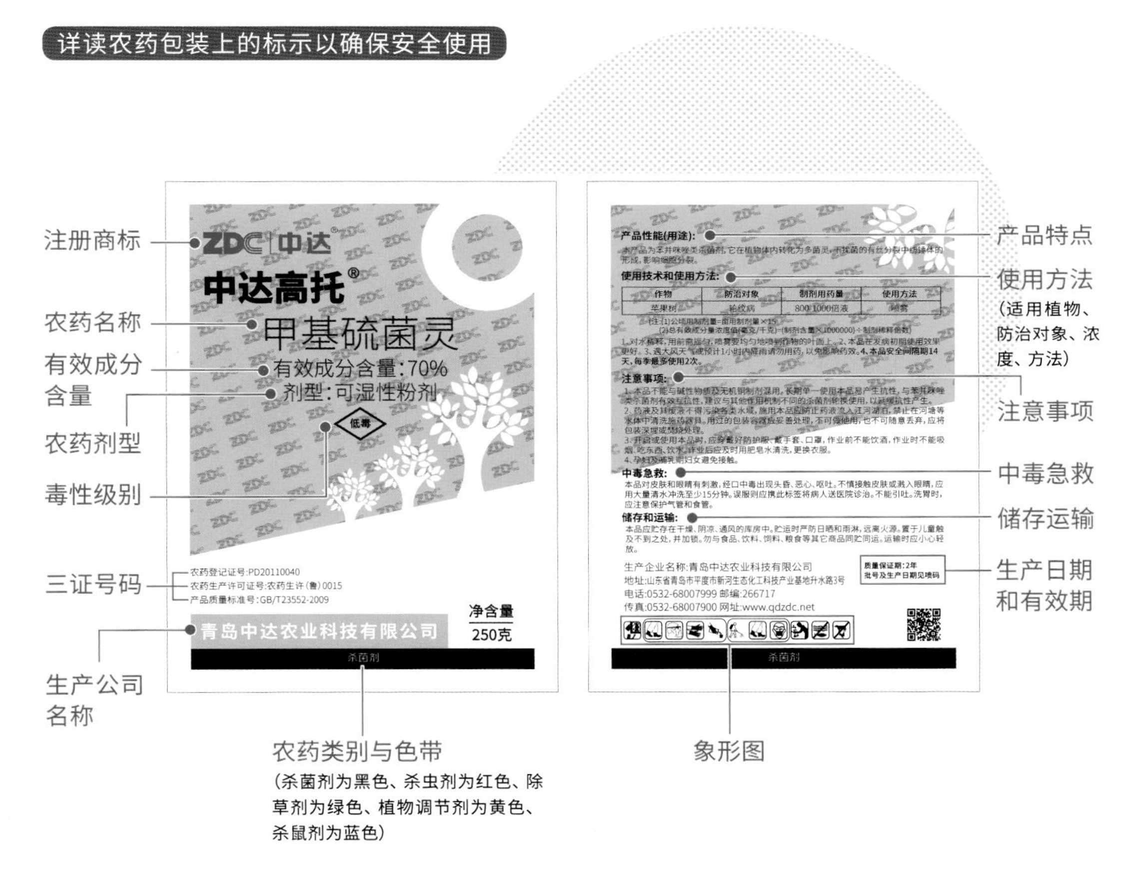

注：国家农药管理部门对农药标签进行了专门规范和规定，囊括了农药的主要信息。购买和使用农药前一定要仔细阅读，科学合理、安全有效使用农药。

农药的使用方法

使用农药时，为了保证使用者与环境的安全性，在进行喷洒作业之前，都必须做好万全的准备，包括服装、对周围环境的保护措施等。

【必要的用具类】

如果是使用市售的喷雾剂、喷液剂、锭剂等，就不必另外准备稀释时所需的用具。但若是必须先用水稀释的悬浮剂、乳剂、液剂等，就要准备计算用量用的量匙、量杯、滴管、有刻度的水桶等。

另外还需要喷雾器，其容量有大有小，建议大家依照规模和目的选用。如果是盆栽或是小规模的菜园、花圃等，可选手持式喷雾器；占地较大的菜园或是庭木、果树等，就用大型的加压式喷雾器。

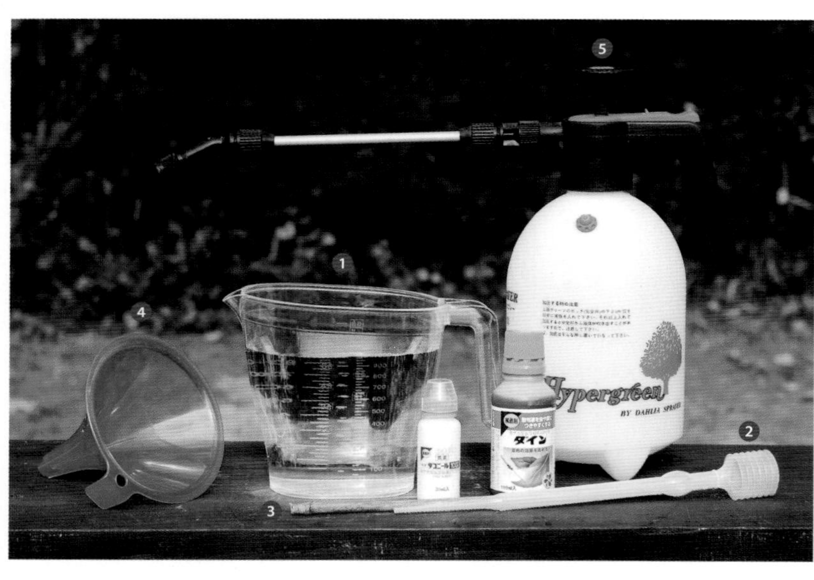

❶ 量杯
用于测量水量。

❷ 滴管
用于定量吸取展着剂和乳剂等药剂。

❸ 搅拌棒
把药剂、展着剂等和水混合时使用。

❹ 漏斗
把稀释过的药剂移到喷雾器中时使用。

❺ 喷雾器
装稀释过的药剂，以便喷洒时使用。

手动加压式喷雾器
适用于庭木和果树等植物。

手持式喷雾器、小型喷雾器
适用于小规模的菜园和花圃。

【稀释药剂的方法】

粉末的悬浮剂和液体状的乳剂、液剂都必须先用水稀释再使用。每次使用前必须调配所需的用量，避免药液过多而造成浪费。防治的效果并不是和药剂的浓度呈正比，浓度过高，会对植物造成药害；而浓度太低，则效果不明显。因此调配药液之前，必须仔细阅读药剂的使用说明，确定正确的稀释倍数。在下面的稀释速查表中，可以根据稀释倍数和水量（实际喷洒时的液体量）确定需要的药剂用量。

悬浮剂的稀释方法

把称量好用量的悬浮剂装入容器后，加入少量的水和展着剂，用搅拌棒搅拌均匀，之后加入稀释速查表中预定量的水，充分搅拌后倒入喷雾器等容器中即可使用。方法的诀窍在于不要把药剂直接倒入准备好的水中，因为药剂不易溶解，无法混合均匀，应该先用少量的水将药剂溶解。

乳剂、液剂的稀释方法

根据稀释速查表，把量好的水倒进水桶等容器中，再用带刻度的滴管把药剂滴入水中，仔细搅拌后装入喷雾器中就可以喷洒了。展着剂虽然不是非加不可，但它可以增强药剂的效果。

※ 展着剂：喷洒药剂时，为了增强药剂在植物表面的附着效果，在稀释药剂时加入。

稀释速查表

水量＼稀释倍数	100倍	250倍	500倍	1000倍	1500倍	2000倍
500毫升	5	2	1	0.5	0.3	0.25
1升	10	4	2	1	0.7	0.5
2升	20	8	4	2	1.3	1
3升	30	12	6	3	2	1.5
4升	40	16	8	4	2.7	2
5升	50	20	10	5	3.3	2.5
10升	100	40	20	10	6.7	5

注：稀释时所需的药剂用量，计算公式为“欲配制的喷洒液量（水量）÷稀释倍数”。表中的“水量”和“稀释倍数”的交叉数字带，代表稀释时所需的药剂用量。例如：制作2升的1000倍药液时，必须把乳剂2毫升或悬浮剂2克溶解于2升的水（单位：乳剂是毫升，悬浮剂是克）。

1 把少量的水、展着剂加入量好的药剂中，搅拌均匀。

2 再倒入量好的水，一边倒一边搅拌。

乳剂、液剂的稀释方法

1 把少量的展着剂加入量好的水中，搅拌均匀。

2 再倒入乳剂或液剂，充分搅拌均匀。

3 装入喷雾器中即可。

【喷洒药剂时的服装】

如果是可以直接使用的喷雾或喷液剂，则不需要准备特殊的服装。如果要喷洒粉剂或使用喷雾器，就一定要戴帽子，还要穿长袖和长裤，尽可能不露出皮肤，以免身体受到药剂的危害。

除此之外，为了避免药剂吸入或进入眼睛，要戴园艺用的口罩和护目镜，最好穿防水的雨衣。如果仅是喷洒微量的药剂，也应该穿长袖、长裤，戴好口罩和手套。

喷洒药剂时必须穿戴的装备

❶ 防水的雨衣和长裤

❷ 园艺用的口罩

❸ 护目镜

❹ 防止药剂渗入皮肤的橡胶手套

❺ 帽子

喷药时的理想装备

喷洒药剂之前，一定要做好防护措施。尽量减少皮肤露出的部分，以免受到药剂的危害。

即使只是给盆栽喷洒少量的药剂，也最好戴上手套和口罩。

【喷洒药剂时的注意事项】

仔细阅读农药包装上的标示或说明书，依照指定的浓度稀释，做好喷洒前的准备工作。喷洒时也别忘了考虑周围环境，一定要了解喷洒时和喷洒后的注意事项。

喷洒的事前准备

进行喷洒作业时，为了避免身体接触药剂或被喷洒到，除了准备服装、口罩、护目镜等防护装备，还要了解喷洒药剂的注意事项。喷洒前，确认喷雾器是否能正常工作。喷洒时，必须远离宠物、衣物和孩子的玩具等，并且事先告知邻居。身体过于疲倦或提不起精神，还有喝酒之后，都不要勉强自己进行作业。除此之外，如果预计喷洒药剂的当天有雨或大风，请另外择日进行。高温时段喷洒对植物可能造成药害，所以选择清晨或傍晚的凉爽时段为宜。

喷洒的方法与注意事项

喷洒时要注意风向，如果逆风喷洒，身体可能会被药剂喷溅到。另外，如果一边往前走一边喷洒，等于是让自己沐浴在药剂之中，所以应该一边往后退一边喷洒。喷洒药剂时，叶片背面也不可遗漏。对于园林树木，如果先喷洒高处，因为本身会向下滴的关系，便很难确定哪些范围已经喷洒了，所以必须从下面的枝条开始向上喷洒。为避免中途停下来用餐、抽烟或休息，请一鼓作气在短时间内完成。

站在上风处，一边喷洒一边向后退

面向下风处，一边喷一边后退，使喷雾保持从上风往下风的方向流动。

从下往上对着树木喷洒

喷洒树木的原则是从下往上喷洒。但如果要喷洒的树木很高，自己就有可能吸入药剂，或是进入药剂的喷洒范围，所以一定要特别小心。

叶片背面也需要仔细喷洒

喷洒叶片背面时，记得改变喷嘴的方向，朝上喷洒。

盆栽植物，要把叶片翻过来喷洒

对着盆栽植物喷洒时，记得把叶片翻过来，才不会有遗漏。

喷洒时的注意事项　这些事项不能忽略

不能对邻居造成困扰

药剂会散播到空气之中，所以喷洒前最好向邻居打声招呼，最好选择在无风的日子进行。

让孩子和宠物留在室内

让他们留在室内，以免接触药剂。

保护池塘里的鱼

如果池塘里有鱼等生物，用覆盖物等遮挡后再喷洒。

把室内的植物搬到外面

把放在室内的观叶植物等拿到外面再进行喷洒。

【喷洒的小技巧】

在阳台等处进行作业时，只要利用报纸或塑料袋，就不必担心药剂会喷得到处都是。

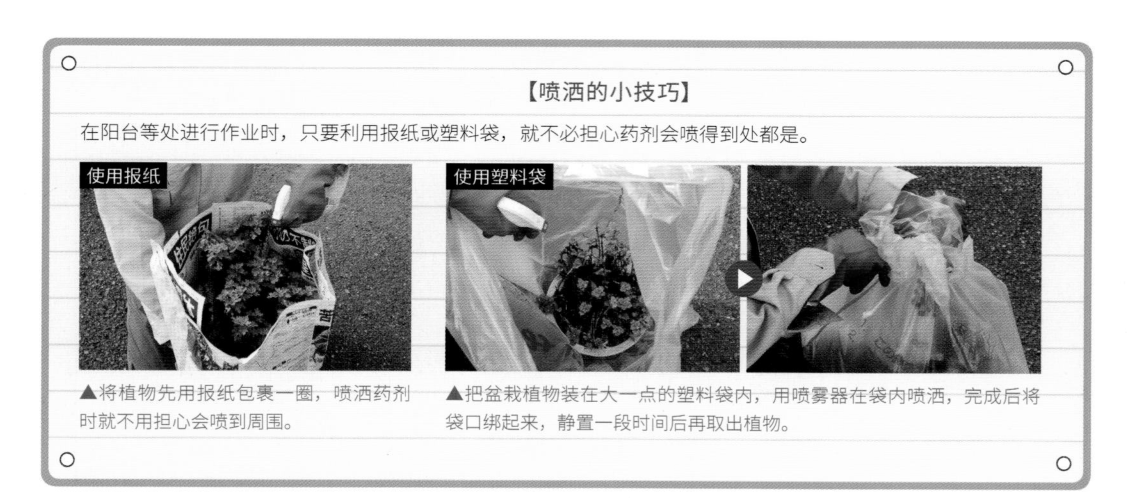

▲将植物先用报纸包裹一圈，喷洒药剂时就不用担心会喷到周围。

▲把盆栽植物装在大一点的塑料袋内，用喷雾器在袋内喷洒，完成后将袋口绑起来，静置一段时间后再取出植物。

【喷洒药剂后的注意事项】

即使操作时再怎么注意，还是可能接触到药剂，所以喷洒作业结束之后，必须脱下衣物等装备，然后漱口，并用肥皂将手和脸清洗干净。脱下的衣服须和其他衣服分开清洗。

结束后应告知邻居，当天不要再进入喷洒药剂的区域。

剩余的药剂不可转移到其他容器或者分装，必须存放在购买的原容器中，密封或盖严后放在孩子不会接触到的阴凉处。喷雾器和稀释时使用的计量器具都要清洗干净，晾干后最好放在药剂存放处。器具类先充分干燥再存放很重要。

喷洒药剂后，暂时不要让孩子和宠物到喷洒区域。

沾染药剂的衣物，不可和其他衣物一起清洗。

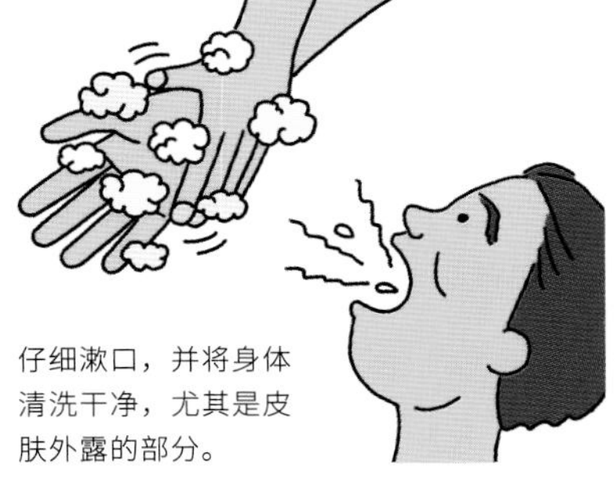

仔细漱口，并将身体清洗干净，尤其是皮肤外露的部分。

将使用过的器具洗净、晾干后，存放在安全的地方。

【如果配制的药剂太多，该怎么处理?】

乳剂、悬浮剂等用水稀释过的药剂，会随着时间的推移而不断分解，药效逐渐减弱，无法长期保存。即使仅是留到次日，也无法发挥良好的效果，所以原则上每次只配制所需的用量，一次用完。如果不得不剩下，也不可倒回原来的容器中，更严禁倒入河川或污水。可在地面挖出约 10 厘米深的洞穴，将剩余的药剂倒入，让土壤吸收药剂成分，再由土壤中的微生物分解。

农药的种类与效果

根据目前在中国的农药使用情况，我们选择一些植物常用的药剂产品，以及主要防治的病虫害种类，供大家参考。即使是同一种药剂，剂型含量不同，适用植物、防治对象与使用方法也会有不同，使用前应详细阅读各药剂产品的使用说明书。

【杀虫剂的种类与防治的虫害】

杀虫剂	害									
	鳞翅目									
	螟蛾类	菜蛾类	夜蛾类	粉蝶类	毒蛾类	卷叶蛾类	凤蝶类	尺蠖蛾类	刺蛾类	避债
乙酰甲胺磷	●	●	●	●						
BT 菌	●	●	●	●						
杀螟硫磷	●		●		●					
高效氯氟氰菊酯	●		●	●	●					
二氯苯醚菊酯		●	●	●	●					
噻虫胺										
丁硫克百威	●		●							
马拉硫磷			●		●					
机油乳剂										
噻唑膦										
噻虫嗪										
甲基嘧啶磷		●	●							
吡虫啉			●							
甲维盐	●	●	●	●	●	●	●	●	●	●
氟虫脲	●		●			●				
氟虫双酰胺	●	●	●	●	●					
啶虫脒			●							
呋虫胺										
二嗪农	●	●			●	●		●	●	●
乙螨唑										
除虫脲	●	●	●	●	●	●	●	●	●	●
噻嗪酮										
敌百虫	●	●	●	●	●	●	●	●	●	●
多杀菌素	●	●	●	●						
聚乙醛										

注：吡虫啉、噻虫嗪、噻虫胺、啶虫脒、呋虫胺等烟碱类杀虫剂对蜜蜂的毒性很大，使用时应注意。

类													
	半翅目			介壳虫类	鞘翅目			双翅目	蓟马类	螨蜱类	寄生性线虫类	蛞蝓类
类	叶蝉类	蚜虫类	蝽类		象鼻虫类	金花虫类	金龟子	潜蝇类		叶螨类		
	●	●										
		●	●	●		●			●			
	●	●	●			●		●	●	●		
	●								●			
	●	●	●	●	●			●	●			
	●	●	●	●	●	●	●		●		●	
	●	●		●		●			●	●		
		●		●						●		
											●	
	●	●	●									
	●	●	●		●				●			
										●		
	●	●	●	●	●	●			●			
	●	●		●	●	●			●			
	●			●								
										●		
						●				●		
				●								
									●			
												●

【杀菌剂的种类与防治的病害[1]】

<table>
<thead>
<tr><th>药剂名称</th><th>剂型含量</th><th>适用植物</th><th>防治的病害</th><th>药剂特点</th></tr>
</thead>
<tbody>
<tr><td rowspan="4">苯菌灵</td><td rowspan="4">50% 可湿性粉剂</td><td>梨</td><td>黑星病</td><td rowspan="4">高效、广谱、内吸性杀菌剂，具有保护、消除和治疗作用，主要用于防治蔬菜、果树、油料作物病害。可用于喷洒、拌种和土壤处理</td></tr>
<tr><td>柑橘</td><td>疮痂病</td></tr>
<tr><td>香蕉</td><td>叶斑病</td></tr>
<tr><td>芦笋</td><td>茎枯病</td></tr>
<tr><td rowspan="9">多菌灵</td><td rowspan="9">40%、50% 悬浮剂，80% 可湿性粉剂</td><td>果树</td><td>病害</td><td rowspan="9">广谱性杀菌剂，对多种植物由真菌（如半知菌、多子囊菌等）引起的病害有防治效果，如白粉病、炭疽病、轮纹病、枯萎病（凋萎病）、黄萎病。可用于叶面喷雾、种子处理和土壤处理等</td></tr>
<tr><td>绿萍</td><td>霉腐病</td></tr>
<tr><td>番茄</td><td>早疫病</td></tr>
<tr><td>甜菜</td><td>褐斑病</td></tr>
<tr><td>油菜</td><td>菌核病</td></tr>
<tr><td>花生</td><td>倒秧病、叶斑病</td></tr>
<tr><td>棉花</td><td>苗期病害</td></tr>
<tr><td>水稻</td><td>纹枯病</td></tr>
<tr><td>麦类</td><td>赤霉病</td></tr>
<tr><td rowspan="11">甲基硫菌灵</td><td rowspan="11">50%悬浮剂，50%、70%、80% 可湿性粉剂，70%、80% 水分散粒剂</td><td>苹果</td><td>白粉病、轮纹病、炭疽病</td><td rowspan="11">商品名为甲基托布津，是一种广谱、内吸性低毒杀菌剂，具有内吸、预防和治疗作用，能够有效防治多种植物的病害</td></tr>
<tr><td>梨</td><td>黑星病</td></tr>
<tr><td>樱桃</td><td>褐斑病</td></tr>
<tr><td>柑橘</td><td>树脂病、炭疽病</td></tr>
<tr><td>杧果</td><td>炭疽病</td></tr>
<tr><td>番茄</td><td>叶霉病</td></tr>
<tr><td>黄瓜</td><td>枯萎病</td></tr>
<tr><td>瓜类</td><td>白粉病</td></tr>
<tr><td>西瓜</td><td>炭疽病</td></tr>
<tr><td>姜</td><td>叶枯病</td></tr>
<tr><td>枸杞</td><td>白粉病</td></tr>
</tbody>
</table>

[1] 本部分内容非日版原著，是根据中国使用的杀菌剂种类与防治的病害制作而成。——译者注

（续）

药剂名称	剂型含量	适用植物	防治的病害	药剂特点
甲基硫菌灵	50%悬浮剂，50%、70%、80%可湿性粉剂，70%、80%水分散粒剂	蔷薇科观赏花卉	炭疽病	商品名为甲基托布津，是一种广谱、内吸性低毒杀菌剂，具有内吸、预防和治疗作用，能够有效防治多种植物的病害
		烟草	根黑腐病	
		甘薯	黑斑病	
		水稻	纹枯病、稻瘟病	
		小麦	赤霉病	
代森锰锌	75%水分散粒剂，80%可湿性粉剂，30%悬浮剂	荔枝	霜疫霉病	广谱性的保护用杀菌剂，可以防治多种植物的多种病害。注意在发病前施用
		枣	锈病	
		葡萄	白腐病、黑痘病、霜霉病	
		马铃薯	晚疫病	
		番茄	早疫病	
		黄瓜	霜霉病	
		西瓜	炭疽病	
		甜椒	炭疽病、疫病	
		芦笋	茎枯病	
		大豆	炭疽病	
		花生	叶斑病	
		烟草	炭疽病、赤星病	
百菌清	40%、54%悬浮剂，75%可湿性粉剂，75%水分散粒剂	苹果	多种病害	保护性杀菌剂，没有内吸传导性。杀菌谱广，可以防治多种植物的病害。注意一定在发病前使用，以便预防植物病害发生，药剂一定要喷洒均匀，让容易发病的部位都能被药剂覆盖
		梨	斑点病	
		柑橘	疮痂病	
		香蕉	叶斑病	
		茶	炭疽病	
		橡胶	炭疽病	
		葡萄	白粉病、黑痘病	
		瓜类	白粉病、霜霉病	
		豆类	炭疽病、锈病	
		果菜类蔬菜	多种病害	
		叶菜类蔬菜	白粉病、霜霉病	
		番茄	早疫病、晚疫病	
		马铃薯	早疫病、晚疫病	
		黄瓜	霜霉病	

（续）

药剂名称	剂型含量	适用植物	防治的病害	药剂特点
百菌清	40%、54%悬浮剂，75%可湿性粉剂，75%水分散粒剂	苦瓜	霜霉病	保护性杀菌剂，没有内吸传导性。杀菌谱广，可以防治多种植物的病害。注意一定在发病前使用，以便预防植物病害发生，药剂一定要喷洒均匀，让容易发病的部位都能被药剂覆盖
		白菜	霜霉病	
		辣椒	炭疽病	
		草坪	褐斑病	
		花生	锈病、叶斑病	
		水稻	稻瘟病、纹枯病	
		小麦	叶斑病	
克菌丹	40%悬浮剂，50%可湿性粉剂，80%水分散粒剂	苹果	斑点落叶病、轮纹病、炭疽病	又名盖普丹，以保护作用为主，兼有一定的治疗作用。杀菌谱广，可以防治多种植物由真菌引起的病害。应用方式多样，可用于叶面喷雾，也可通过灌根、拌土撒施、拌种等防治根部病害
		梨	黑星病、煤污病	
		柑橘	树脂病	
		葡萄	霜霉病	
		黄瓜	霜霉病、炭疽病	
		辣椒	炭疽病	
		马铃薯	黑痣病	
		番茄	灰霉病、叶霉病、早疫病	
		草莓	灰霉病	
	450克/升悬浮种衣剂	玉米	苗期茎基腐病	
三唑酮	20%乳油，15%、25%可湿性粉剂	观赏月季	白粉病	商品名为粉锈宁，是一种内吸性强的杀菌剂。被植物吸收后，能在植物体内传导。对锈病和白粉病具有很好的预防、治疗效果
		观赏菊花	白粉病	
		小麦	白粉病、锈病	
		玉米	丝黑穗病	
腈菌唑	12.5%、25%乳油，40%悬浮剂，40%可湿性粉剂	苹果	白粉病	广谱、内吸性杀菌剂，对植物病害具有预防和治疗效果，可在发病前和发病初期喷洒，常用于防治多种植物的白粉病、锈病、黑星病、灰斑病、褐斑病、黑穗病等
		梨	黑星病	
		香蕉	叶斑病	
		荔枝	炭疽病	
		葡萄	炭疽病	
		黄瓜	黑星病、白粉病	
		豇豆	锈病	
		小麦	白粉病	

（续）

药剂名称	剂型含量	适用植物	防治的病害	药剂特点
己唑醇	5%、25%、30%、40%悬浮剂，50%、70%水分散粒剂	苹果	斑点落叶病	广谱、内吸性杀菌剂，对植物病害具有保护和治疗作用，可在发病前和发病初期喷洒，常用于防治多种植物的白粉病、锈病、黑星病、灰斑病、褐斑病、黑穗病等
		梨	黑星病	
		葡萄	白粉病	
		黄瓜	白粉病	
		番茄	灰霉病	
		水稻	纹枯病	
		小麦	赤霉病、白粉病、锈病	
苯醚甲环唑	40%悬浮剂，10%、37%水分散粒剂	苹果	斑点落叶病	又名噁醚唑，是内吸性杀菌剂，具保护和治疗作用。对植物的安全性比较好，可以杀多种真菌，常用于防治多种果树、蔬菜、花卉、林木等的多种病害
		梨	黑星病	
		柑橘	疮痂病	
		荔枝	炭疽病	
		葡萄	炭疽病	
		茶	炭疽病	
		香蕉	叶斑病	
		石榴	麻皮病	
		黄瓜	白粉病	
		苦瓜	白粉病	
		西瓜	炭疽病	
		辣椒	炭疽病	
		芹菜	斑枯病、叶斑病	
		芦笋	茎枯病	
		洋葱	紫斑病	
		观赏牡丹	黑斑病	
		菜豆	锈病	
		大白菜	黑斑病	
		大蒜	叶枯病	
		番茄	早疫病	
		水稻	纹枯病	

（续）

药剂名称	剂型含量	适用植物	防治的病害	药剂特点
腐霉利	40%悬浮剂，50%、80% 可湿性粉剂	葡萄	灰霉病	内吸性杀菌剂，对病害具有预防和治疗的双重作用，在低温高湿条件下防病效果明显。对灰霉病有特效
		黄瓜	灰霉病	
		番茄	灰霉病	
		韭菜	灰霉病	
福美双	50%、70% 可湿性粉剂，80% 水分散粒剂	柑橘树	炭疽病	保护性杀菌剂，可以预防和治疗多种植物的霜霉病、疫病、炭疽病、禾谷类黑穗病、苗期黄枯病等。常与内吸性杀菌剂混合使用
		苹果树	炭疽病	
		香蕉	叶斑病	
		葡萄	白腐病	
		黄瓜	白粉病	
		黄瓜	霜霉病	
		甜菜	根腐病	
		烟草	根腐病	
		水稻	稻瘟病	
		水稻	叶斑病	
		小麦	白粉病	
		小麦	赤霉病	
嘧菌酯	25%悬浮剂，50% 水分散粒剂	梨	炭疽病	高效、广谱、内吸性杀菌剂，几乎对所有真菌引起的植物病害都有效，能够防治多种病害，具有预防和治疗效果。使用方法多样，可用于茎叶喷雾、拌种、蘸根、灌根和处理土壤等
		柑橘	炭疽病、疮痂病	
		香蕉	叶斑病	
		荔枝	霜疫霉病	
		葡萄	霜霉病、黑痘病、白腐病	
		杧果	炭疽病	
		枣	炭疽病	
		杨梅	褐斑病	
		枇杷	角斑病	
		枸杞	白粉病	
		观赏菊花	白粉病、锈病	

（续）

药剂名称	剂型含量	适用植物	防治的病害	药剂特点
嘧菌酯	25% 悬浮剂，50% 水分散粒剂	菊科和蔷薇科观赏花卉	白粉病	高效、广谱、内吸性杀菌剂，几乎对所有真菌引起的植物病害都有效，能够防治多种病害，具有预防和治疗效果。使用方法多样，可用于茎叶喷雾、拌种、蘸根、灌根和处理土壤等
		观赏牡丹	红斑病	
		草坪	褐斑病、枯萎病	
		黄瓜	霜霉病、白粉病、黑星病、蔓枯病	
		丝瓜	霜霉病	
		冬瓜	霜霉病、炭疽病	
		西瓜	炭疽病	
		辣椒	炭疽病、疫病	
		马铃薯	早疫病、晚疫病	
		番茄	早疫病、晚疫病、叶霉病	
		芋头	疫病	
		人参	黑斑病	
		姜	炭疽病	
		草莓	炭疽病	
		莲藕	叶斑病	
		大豆	锈病	
		蕹菜	白锈病	
		花椰菜	霜霉病	
	1% 颗粒剂	西瓜	枯萎病	
吡唑醚菌酯	250 克 / 升、30% 乳油，25%、30% 悬浮剂，30%、50% 水分散粒剂	苹果	斑点落叶病	广谱杀菌剂，具有保护、治疗、叶片渗透传导作用，还能促进植物生长。杀菌谱很广，可以防治多种植物病害，既可以用来喷洒茎叶、花果，也能涂抹、拌种、灌根等
		草坪	褐斑病	
		金银花	白粉病	
		枸杞	白粉病	
		草莓	白粉病	
		黄瓜	白粉病、霜霉病	

（续）

药剂名称	剂型含量	适用植物	防治的病害	药剂特点
吡唑醚菌酯	250克/升、30%乳油，25%、30%悬浮剂，30%、50%水分散粒剂	叶用莴苣	霜霉病	广谱杀菌剂，具有保护、治疗、叶片渗透传导作用，还能促进植物生长。杀菌谱很广，可以防治多种植物病害，既可以用来喷洒茎叶、花果，也能涂抹、拌种、灌根等
		西瓜	炭疽病	
		辣椒	炭疽病	
		姜	炭疽病	
		白菜	炭疽病	
		火龙果	溃疡病	
		马铃薯	早疫病	
		大豆	叶斑病	
		花生	叶斑病	
		玉米	大斑病	
		水稻	纹枯病、稻瘟病	
		小麦	白粉病、锈病、赤霉病	
		棉花	立枯病	
	0.1%颗粒剂	辣椒（苗床）	立枯病	
	0.15%膏剂	苹果	腐烂病	
	18%悬浮种衣剂	玉米	茎基腐病	
喹啉铜	33.5%、40%悬浮剂，50%可湿性粉剂，50%水分散粒剂	苹果	轮纹病	保护性杀菌剂，可以杀菌防霉。喷施后在植物表面形成一层严密的保护药膜，药膜缓慢释放杀菌的铜离子，有效抑制病原菌的萌发和侵入，从而达到防病、治病的效果。对真菌和细菌引起的植物病害都有很好的防治效果。但有些植物对铜离子敏感，对于说明书上没有写的植物需先喷洒少量，观察安全后再大量用
		柑橘	溃疡病、树脂病	
		葡萄	霜霉病	
		杨梅	癌肿病、褐斑病	
		荔枝	霜疫霉病	
		山核桃	干腐病	
		黄瓜	细菌性角斑病、霜霉病	
		番茄	晚疫病	
		马铃薯	早疫病	
		铁皮石斛	软腐病	
	2%膏剂	苹果	腐烂病	

（续）

药剂名称	剂型含量	适用植物	防治的病害	药剂特点
噻菌铜	20% 悬浮剂	柑橘	疮痂病、溃疡病	有机铜类广谱杀菌剂，可被植物内吸和传导，具有预防和治疗病害的效果，且治疗效果比较好，是防治多种植物细菌性病害的良药，但对部分真菌性病害高效
		桃树	细菌性穿孔病	
		猕猴桃	溃疡病	
		兰花	软腐病	
		黄瓜	角斑病	
		西瓜	枯萎病	
		番茄	叶斑病	
		马铃薯	黑胫病	
		白菜	软腐病	
		烟草	青枯病、野火病	
		棉花	立枯病	
		水稻	白叶枯病、细菌性条斑病	
氢氧化铜	77% 可湿性粉剂，53.8% 水分散粒剂	柑橘	溃疡病	保护性杀菌剂，它的杀菌作用主要靠铜离子。铜离子被萌发的病原菌孢子吸收，当达到一定浓度时，就可以杀死病原菌孢子，从而起到杀菌作用。杀菌谱广，对细菌和真菌性病害都可以防治，适合在植物发病前喷洒。高温高湿及对铜离子敏感的植物慎用，果树花期或幼果期使用会出现药害
		葡萄	霜霉病	
		杧果	细菌性黑斑病	
		茶树	炭疽病	
		黄瓜	角斑病	
		番茄	溃疡病、早疫病	
		马铃薯	晚疫病	
		姜	姜瘟病	
		辣椒	疮痂病	
		人参	黑斑病	
		烟草	野火病	
波尔多液	80% 可湿性粉剂、86% 水分散粒剂	苹果	轮纹病	一种历史很长的保护性杀菌剂，喷洒在植物表面后，通过释放铜离子而抑制病原菌孢子萌发或菌丝生长。可以防治多种真菌和细菌性病害，并能给叶片补充铜元素，促进叶片变绿。但有些植物对铜离子敏感，请谨慎使用
		柑橘	溃疡病	
		葡萄	霜霉病	
		黄瓜	霜霉病	
		辣椒	炭疽病	
		水稻	稻曲病	
		烟草	野火病	

（续）

药剂名称	剂型含量	适用植物	防治的病害	药剂特点
硫酸铜钙	77% 可湿性粉剂	苹果	褐斑病	广谱保护性杀菌剂，广泛应用于果树和蔬菜的真菌性病害，并有一定的补钙效果。桃、李、梅子、杏、柿子、白菜、菜豆、莴苣、荸荠等对本品敏感，不宜使用。苹果、梨在花期、幼果期对铜离子敏感
		柑橘	疮痂病、溃疡病	
		葡萄	霜霉病	
		黄瓜	霜霉病	
		番茄	溃疡病	
		姜	腐烂病	
		烟草	野火病	
春雷霉素	2%、6% 水剂，2%、6% 可湿性粉剂	库尔勒香梨	枝枯病	又名春日霉素，是一种由链霉菌产生的弱碱性抗生素。该抗生素对水稻稻瘟病菌的治疗作用很强，对其他植物的细菌性病害也有良好的防治效果，能预防和治疗病害。对大豆、菜豆、豌豆、葡萄、柑橘、苹果有轻微药害，在使用时应注意
		柑橘	溃疡病	
		黄瓜	细菌性角斑病、枯萎病	
		番茄	叶霉病	
		白菜	黑腐病	
		烟草	野火病	
		水稻	稻瘟病	
	20% 水分散粒剂	桃	褐斑穿孔病	
枯草芽孢杆菌	100 亿孢子 / 克、1000 亿孢子 / 克可湿性粉剂	苹果	轮纹病、白粉病、炭疽病	微生物杀菌剂，菌体生长过程中产生的枯草菌素、多黏菌素、制霉菌素、短杆菌肽等活性物质，对植物致病菌有明显的抑制作用。高效广谱、安全无害，可以防治多种作物、果树、蔬菜、花卉等的病害。在病害初期或发病前施药，效果最佳，但不能与铜制剂、链霉素等杀菌剂及碱性农药混用
		柑橘	溃疡病、绿霉病、青霉病	
		香蕉	枯萎病	
		马铃薯	晚疫病	
		白菜	软腐病	
		辣椒	枯萎病	
		番茄	灰霉病、黄萎病	
		茄子	黄萎病	
		西瓜	枯萎病	
		黄瓜	枯萎病、根腐病、灰霉病、白粉病	

（续）

药剂名称	剂型含量	适用植物	防治的病害	药剂特点
枯草芽孢杆菌	100亿孢子/克、1000亿孢子/克可湿性粉剂	甜瓜	白粉病	微生物杀菌剂，菌体生长过程中产生的枯草菌素、多黏菌素、制霉菌素、短杆菌肽等活性物质，对植物致病菌有明显的抑制作用。高效广谱、安全无害，可以防治多种作物、果树、蔬菜、花卉等的病害。在病害初期或发病前施药，效果最佳，但不能与铜制剂、链霉素等杀菌剂及碱性农药混用
		草莓	白粉病、灰霉病	
		水稻	稻瘟病、立枯病、纹枯病	
		小麦	白粉病、赤霉病、锈病	
		烟草	赤星病、黑胫病、青枯病	
		棉花	黄萎病	
		人参	立枯病、黑斑病、灰霉病、根腐病	
		地黄	枯萎病	
		三七	根腐病	
	1亿CFU/克微囊粒剂	柑橘	溃疡病	
		番茄	立枯病	
		白术	根腐病	
		草莓	白粉病	
		黄瓜	细菌性角斑病	
		小麦	赤霉病	
		烟草	黑胫病	
哈茨木霉	3亿CFU/克可湿性粉剂	葡萄	霜霉病	微生物杀菌剂，通过分泌抗生素，可以抑制病原菌的生长，主要用于防治果树、蔬菜、园林花卉等植物的白粉病、灰霉病、霜霉病、叶霉病等病害，并能促进植物生长。既可以喷洒，也可以根施
		观赏百合（温室）	根腐病	
		番茄	立枯病、猝倒病、灰霉病	
		人参	灰霉病、立枯病	

注：由于中国与日本推广的农药品种有差异，所以本表是根据中国农药登记情况制定的，药剂名称、剂型含量、适用植物和防治的病害均从中国农药信息网（http://www.chinapesticide.org.cn）查询得到，药剂特点是译者自行整理。关于农药的最新信息，可到中国农药信息网的“登记信息”中查询。

其他的药剂

除了消灭病虫害的药剂，还有除草剂、花坛使用的猫狗忌避剂，以及提高药效的展着剂等。

展着剂

在制作需要用水稀释的药液时，建议加入展着剂。展着剂能够帮助药剂的有效成分均匀溶于水中，也能提高药液在叶片表面和害虫体表的附着力，使药剂不容易流失，增强防治效果。

农用有机硅助剂

成分	乙氧基改性聚三硅氧烷
剂型	液剂
特征	几乎可与所有的农药混用，仅需添加极少量便可。可以让喷洒的药液均匀地附着在植物和害虫上，除了增强药剂的防治效果，也能够防止被雨水冲刷所造成的损失

忌避剂

不会对植物造成直接的伤害。忌避剂大致可分为两大类，一种是用来防止害虫靠近植物，另一种则是用来防止猫、狗、老鼠等接近菜园和花圃。

猫狗忌避剂

成分	柑橘、木油、、辣椒提取物等
剂型	粒剂
特征	会散发猫狗讨厌的气味，使其远离。它可以防止猫狗进入花园或花坛而造成植物受害，也能防止猫狗在此排泄。小袋装，只需放置就能产生效用，回收也很方便。效果可持续10~15天

除草剂

使杂草枯萎的药剂。因为杂草容易成为病原菌和害虫的越冬场所，对于田地、庭院、花园等，都应该随时清理杂草，如果不能及时清理，可使用除草剂，但也有可能危及邻近的植物，使用时必须注意。先将喷洒地点、喷洒方法、药效持续时间等调查清楚，再根据要达到的目的选择合适的除草剂，按照产品使用说明进行操作。

精吡氟禾草灵

成分	精吡氟禾草灵
剂型	乳剂
特征	适合大部分的阔叶植物，能有效防除禾本科杂草。花生、大豆、甘蓝、番茄、洋葱、西瓜、菠萝等为主要的适用对象

肥料

肥料是植物必需的养分，如果养分不足或无法顺利地被植物吸收时，有可能会引起生理障碍，所以必须保证植物的肥料需求。

国光朴绿

成分	氮（N）50、磷（P_2O_5）150、钾（K_2O）300、铁（Fe）1.3、锌（Zn）1.5、硼（B）1.7
剂型	液剂
特征	含高磷钾及多种微量元素的全水溶、易吸收利用的植物液体营养剂，用于园林观花植物的催花、促花及草坪增绿，也能增强园林植物的抗旱、抗冻等抗逆性，广泛用于各种园林植物。可喷施、滴灌、浇灌及飞防使用

特定“药剂”——害虫的天敌

天敌，是指以害虫为食并生长的生物。瓢虫、草蛉和食蚜蝇等虫类的幼虫，都是蚜虫类的天敌。有些寄生蜂则会入侵害虫的幼虫体内，以幼虫为食，从而达到消灭害虫的目的。

另外，鸟、青蛙、蜘蛛、长脚蜂等也是害虫的天敌。近年来，以人工繁殖的方式大量繁殖的以叶螨为食的“捕食螨”，把它放养在温室等处，便能达到防治害虫的效果。另外，市场中也有出售防治潜叶蝇和粉虱的寄生蜂。

由此可见，天敌在害虫防治中的利用正不断强化，为了避免误杀天敌，请大家务必掌握其特征。但如果天敌的数量过多，也必须适量用药，将其数量控制得当，如此才能有效利用天敌。

异色瓢虫，是常见的瓢虫之一，会在蚜虫的巢穴附近产卵。

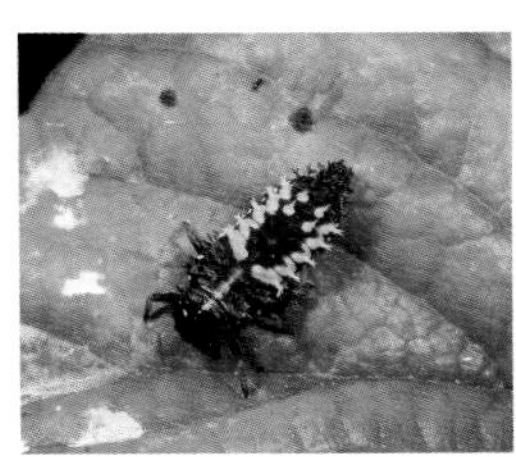

异色瓢虫的幼虫，是蚜虫类的天敌。

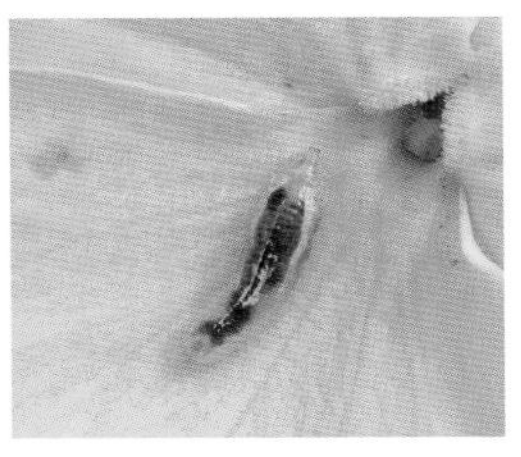

食蚜蝇的幼虫，也是蚜虫类等害虫的天敌。

食蚜蝇的成虫。

螳螂，是蛾类幼虫等害虫的天敌。

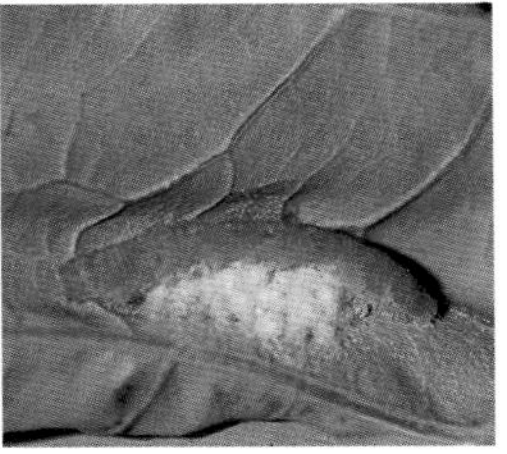

做茧的茧蜂，正从菜青虫的幼虫体内离开。

捕捉蛾类的蜘蛛。

草蛉的成虫，是蚜虫类、粉虱类、叶螨类及蛾类卵的天敌。

索引

植物的病害

植物的害虫

植物名

蔬菜

庭院树木、花木

果树

草花、观叶植物、兰花

药剂名

杀虫剂

杀菌剂

Original Japanese title: SHASHIN DE SUGU WAKARU ANSHIN·ANZEN SHOKUBUTSU NO BYOUGAICHU SHOUJOU TO FUSEGI KATA

照　　片　arsphoto 企划
照片协助　根本 久　高桥孝文　住友化学园艺株式会社　岛根县农业技术中心
　　　　　长崎县农业技术开发中心
插　　图　竹口睦郁
设　　计　西 由希子（株式会社 STUDIO DUNK）
执笔协助　金田初代（arsphoto 企划）
编辑协助　帆风社

图书在版编目（CIP）数据

植物病虫害防治全图鉴 /（日）高桥孝文监修；孙瑞红编译. — 北京：机械工业出版社，2022.5
ISBN 978-7-111-70451-5

Ⅰ. ①植…　Ⅱ. ①高… ②孙…　Ⅲ. ①植物-病虫害防治-图集　Ⅳ. ①S43-64

中国版本图书馆CIP数据核字（2022）第050854号

机械工业出版社（北京市百万庄大街22号　邮政编码100037）
策划编辑：高　伟　周晓伟　责任编辑：高　伟　周晓伟　刘　源
责任校对：史静怡　王　延　责任印制：张　博
保定市中画美凯印刷有限公司印刷

2022年6月第1版第1次印刷
169mm × 230mm · 12印张 · 251千字
标准书号：ISBN 978-7-111-70451-5
定价：79.80元

电话服务
客服电话：010-88361066
　　　　　010-88379833
　　　　　010-68326294
封底无防伪标均为盗版

网络服务
机　工　官　网：www.cmpbook.com
机　工　官　博：weibo.com/cmp1952
金　　书　　网：www.golden-book.com
机工教育服务网：www.cmpedu.com